锂离子电池生产工艺基础

主　编　陈泽华

北京理工大学出版社
BEIJING INSTITUTE OF TECHNOLOGY PRESS

内 容 简 介

本书介绍了锂离子电池基本原理和概念及组装生产工艺技术。组装生产工艺技术包括电芯前段、电芯中段和电芯后段。电芯前段包括浆料搅拌工艺、极片涂布工艺、极片辊压工艺和制片/模切工艺，电芯中段包括卷绕工艺、焊接工艺、烘烤工艺、注液工艺和封装工艺，电芯后段包括化成工艺、老化工艺、分容工艺和 PACK 工艺。本书主要面向新能源材料应用技术专业及新能源材料与器件本专科学生学习，面向锂离子电池生产一线技术工人使用，通过此书，可以快速了解锂离子电池的概念和工作基本原理，能够掌握锂离子电池的生产技术，能够在短时间掌握锂离子电池生产工艺技术，承担锂离子电池生产车间工艺技术工作，使锂离子电池生产线正常运转，能够处理和解决锂离子电池生产线出现的一般工艺问题。

图书在版编目（CIP）数据

锂离子电池生产工艺基础／陈泽华主编. –– 北京：
北京理工大学出版社，2024.2
　ISBN 978 – 7 – 5763 – 3640 – 5

　Ⅰ．①锂… Ⅱ．①陈… Ⅲ．①锂离子电池 – 生产工艺
Ⅳ．①TM912.05

　中国国家版本馆 CIP 数据核字（2024）第 046782 号

责任编辑：陈莉华　　　文字编辑：李海燕
责任校对：周瑞红　　　责任印制：李志强

出版发行／北京理工大学出版社有限责任公司
社　　　址／北京市丰台区四合庄路 6 号
邮　　　编／100070
电　　　话／（010）68914026（教材售后服务热线）
　　　　　　（010）68944437（课件资源服务热线）
网　　　址／http://www.bitpress.com.cn

版 印 次／2024 年 2 月第 1 版第 1 次印刷
印　　　刷／唐山富达印务有限公司
开　　　本／787 mm×1092 mm　1/16
印　　　张／8
彩　　　插／1
字　　　数／100 千字
定　　　价／56.00 元

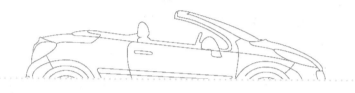

前 言
PREFACE

锂离子电池是一个复杂的体系，包含了正极、负极、隔膜、电解液、集流体和黏结剂、导电剂等，涉及的反应包括正负极的电化学反应、锂离子传导和电子传导，以及热量的扩散等。锂电池的生产工艺流程较长，生产过程中涉及 50 多道工序。

动力锂离子电池的生产工艺可以分为前中后三段。对应的设备分为极片制作（前段）、电芯组装（中段）、电芯激活检测和电池封装等（后段）。在这三个阶段的工艺中，每道工序又可分为数道关键工艺，每一步都会对电池最后的性能形成很大的影响。

锂电生产前段工序对应的锂电设备主要包括真空搅拌机、涂布机、辊压机等，中段工序主要包括模切机、卷绕机、叠片机、注液机等，后段工序则包括化成机、分容检测设备、过程仓储物流自动化等。除此之外，电池组的生产还需要 PACK 自动化设备。

本书简要介绍了锂离子电池的结构、工作原理等，着重介绍了锂离子电池生产工艺的各个环节，采用的设备工艺，以及注意事项等。

本书可以作为新能源材料应用技术、能源与动力工程、材料工程、储能科学与技术等专业的教材，还可以作为动力电池等相关行业的工程技术人员、科研人员和管理人员的参考书。

本书受到教育部 2022 年度职业院校数字化转型行动研究课题"动力电池工艺高技能人才培养模式数字化改革（编号：KT22110）"支持，受到四川省人力资源和社会保障厅 2022 年度四川省职业技能竞赛研究课题"锂离子电池工艺技能竞赛赛项设置研究（编号：BATS2023025）"的支持。

由于编者水平有限，书中错误和不妥之处在所难免。恳请广大读者批评指正。

编　者

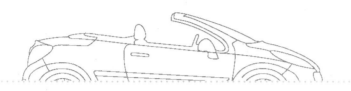

目 录
CONTENTS

项目一

锂离子电池概述

学习任务一　认识电池

一、电池原理简述

在化学电池中，化学能直接转变为电能是靠电池内部自发进行氧化、还原等化学反应，这种反应分别在两个电极上进行。

负极活性物质由电位较负并在电解质中稳定的还原剂组成，如锌、镉、铅等活泼金属和氢或碳氢化合物等。

正极活性物质由电位较正并在电解质中稳定的氧化剂组成，如二氧化锰、二氧化铅、氧化镍等金属氧化物，氧或空气，卤素及其盐类，含氧酸及其盐类等。

电解质则是具有良好离子导电性的材料，如酸、碱、盐的水溶液，有机或无机非水溶液，熔融盐或固体电解质等。

当外电路断开时，两极之间虽然有电位差（开路电压），但没有电流，存储在电池中的化学能并不能转换为电能；当外电路闭合时，在两电极电位差的作用下即有电流流过外电路。

同时在电池内部，由于电解质中不存在自由电子，电荷的传递必然伴随两极活性物质与电解质界面的氧化或还原反应，以及反应物和反应产物的物质迁移。电荷在电解质中的传递也要由离子的迁移来完成。

因此，电池内部正常的电荷传递和物质传递过程是保证正常输出电能的必要条件。充电时，电池内部的传电和传质过程的方向恰与放电相反；电极反应必须是可逆的，才能保证反方向传质与传电过程的正常进行。因此，电极反应可逆是构成蓄电池的必要条件。

$\Delta G = -nFE$ 是电池电动势与电池反应之间的基本热力学关系式，也是计算电池能量转换效率的基本热力学方程式。

式中，ΔG 为吉布斯反应自由能增量（单位 J）；F 为法拉第常数，$F = 96\ 486$ C/mol $= 26.8$（A·h）/mol；n 为电池反应的当量数。

实际上，当电流流过电极时，电极电势都要偏离热力学平衡的电极电势，这种现象称为极化。电流密度（单位电极面积上通过的电流）越大，极化越严重。极化现象是造成电池能量损失的重要原因之一。

电池组成如图 1-1 所示。

电池极化的原因有以下 3 点：

（1）由电池中各部分电阻造成的极化称为欧姆极化。

（2）由电极—电解质界面层中电荷传递过程的阻滞造成的极化称为活化极化。

（3）由电极—电解质界面层中传质过程迟缓而造成的极化称为浓差极化。减小极化的方法是增大电极反应面积、减小电流密度、提高反应温度以及改善电极表面的催化活性。

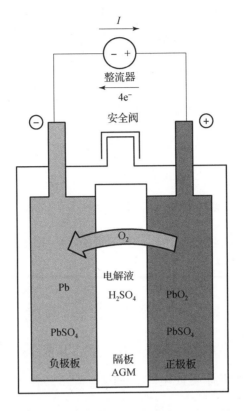

图 1 - 1   电池组成

✿ 二、性能参数内容

电池主要性能包括电动势、额定容量、额定电压、开路电压、内阻、阻抗、充放电速率、寿命和自放电率。

1. 电动势

电动势是两个电极的平衡电极电位之差，以铅酸蓄电池为例：

$$E = \Phi_+ - \Phi_- + RT/F \times \ln(\alpha H_2SO_4 / \alpha H_2O)$$

式中，E——电动势；

Φ_+——正极标准电极电位，其值为 1.690 V；

Φ_-——负极标准电极电位，其值为 -0.356 V；

R——通用气体常数，其值为 8.314 J/(mol·K)；

T——温度，与电池所处温度有关；

F——法拉第常数，其值为 96 485 C/mol；

αH_2SO_4——硫酸的活度，与硫酸浓度有关；

αH_2O——水的活度，与硫酸浓度有关。

从上式中可看出，铅酸蓄电池的标准电动势为 $1.690 - (-0.356) = 2.046$ V，因此蓄电池的标称电压为 2 V。铅酸蓄电池的电动势与温度及硫酸浓度有关。

2. 额定容量

在设计规定的条件（如温度、放电率、终止电压等）下，电池应能放出的最低容量，单位为 A·h，以符号 C 表示。容量受放电率的影响较大，所以常在字母 C 的右下角以阿拉伯数字标明放电率，如 $C_{20} = 50$，表明在 20 时率下的容量为 50 A·h。

电池的理论容量可根据电池反应式中电极活性物质的用量和按法拉第定律计算的活性物质的电化学当量精确求出。由于电池中可能发生的副反应以及设计时的特殊需要，电池的实际容量往往低于理论容量。

3. 额定电压

电池在常温下的典型工作电压，又称标称电压。它是选用不同种类电池时的参考。电池的实际工作电压等于正、负电极的平衡电极电势之差。它只与电极活性物质的种类有关，而与活性物质的数量无关。电池电压本质上是直流电压，但在某些特殊条件下，电极反应所引起的金属晶体或某些成相膜的相变会造成电压的微小波动，这种现象称为噪声。波动的幅度很小但频率范围很宽，故可与电路中自激噪声相区别。

4. 开路电压

电池在开路状态下的端电压称为开路电压。电池的开路电压等于电池在断路时（即没有电流通过两极时）电池的正极电极电势与负极的电极电势之差。电池的开路电压用 $V_开$ 表示，即 $V_开 = \Phi_+ - \Phi_-$，其中 Φ_+，Φ_- 分别为电池的正负极标准电极电位。电池的开路电压，一般均小于它的电动势。这是因为电池的两极在电解液溶液中所建立的电极电位，通常并非平衡电极电位，而是稳定电极电位。一般可近似认为电池的开路电压就是电池的电动势。

5. 内阻

电池的内阻是指电流通过电池内部时受到的阻力。它包括欧姆内阻和极化内阻，极化内阻又包括电化学极化内阻和浓差极化内阻。由于内阻的存在，电池的工作电压总是小于电池的电动势或开路电压。电池的内阻不是常数，在充放电过程中随时间不断变化（逐渐变大），这是因为活性物质的组成，电解液的浓度和温度都在不断地改变。欧姆内阻遵守欧姆定律，极化内阻随电流密度增加而增大，但不是线性关系。

内阻是决定电池性能的一个重要指标，它直接影响电池的工作电压、工作电流、输出的能量和功率，对于电池来说，其内阻越小越好。

6. 阻抗

电池内具有很大的电极－电解质界面面积，故可将电池等效为一个大电容与小电阻、电感的串联回路。但实际情况复杂得多，尤其是电池的阻抗随时间和直流电平而变化，所测得的阻抗只对具体的测量状态有效。

7. 充放速率

充放速率有时率和倍率 2 种表示法。时率是以充放电时间表示的充放电速率，数值上等于电池的额定容量（单位 A·h）除以规定的充放电电流（单位 A）所得的小时数。倍率是充放电速率的另一种表示法，其数值为时率的倒数。原电池的放电速率是以经某一固定电阻放电到终止电压的时间来表示的。放电速率对电池性能的影响较大。

8. 寿命

贮存寿命指从电池制成到开始使用之间允许存放的最长时间，以年为单位。包括贮存期和使用期在内的总期限称为电池的有效期。贮存电池的寿命有干贮存寿命和湿贮存寿命之分。循环寿命是蓄电池在满足规定条件下所能达到的最大充放电循环次数。在规定循环寿命时必须同时规定充放电循环试验的制度，包括充放电速率、放电深度和环境温度范围等。

9. 自放电率

电池在存放过程中电容量自行损失的速率。用单位时间内自放电损失的容量占贮存前容量的百分数表示。

10. 有关计算

$$U_{内} = Ir$$

$$E = U_{内} + U_{外}$$

式中，E 为电动势；r 为电源内阻；$U_{内}$ 为内电压；$U_{外}$ 为外电压。

适用范围：任何电路。

闭合电路中的能量转化：

$$E = U_{外} + Ir$$

$$EI = U_{外} + I^2 r$$

$$P_{释放} = EI$$

$$P_{输出} = U_{外} I$$

式中，R 为电源外电阻。

纯电阻电路中：

$$P_{\text{输出}} = I^2 R$$

$$= E^2 R / (R + r)^2$$

$$= E^2 / (R + 2r + r^2 / R)$$

当 $r = R$ 时，$P_{\text{输出}}$ 最大，$P_{\text{输出}} = E^2 / 4r$（均值不等式）

✺ 三、电池常识

1. 正常充电

不同电池各有特性，用户必须依照厂商说明书指示的方法进行充电。在待机备用状态下，手机也要耗费电池，如果要进行快速充电，宜先将手机关闭或把电池拆下进行充电。

2. 快速充电

当指示灯信号转变时，有些自动化的智能型快速充电器只充满了90%，接下来充电器会自动改用慢速充电将电池完全充满。用户最好将电池完全充满后使用，否则会缩短使用时间。

3. 记忆效应

如果电池属于镍镉电池，长期不彻底充放电，会在电池内留下痕迹，降低电池容量，这种现象被称为电池记忆效应。

4. 消除记忆

消除记忆的方法是把电池完全放电，然后重新充满。放电可利用放电器或具有放电功能的充电器，也可以利用手机待机备用模式，如要加速放电可把显示屏及手机按键的照明灯打开。要确保电池能重新充满，应依照说明书的指示来控制时间，重复充、放电2~3次。

5．电池贮存

锂电池可贮存在环境温度为 −5~35 ℃，相对湿度不大于75%的清洁、干燥、通风的室内，应避免与腐蚀性物质接触，远离火源及热源。电池电量保持标称容量的30%~50%。建议贮存的电池每6个月充电1次。

6．选购电池

（1）选购有"国家免检""中国名牌"标志的电池产品和地方名牌电池产品，这些产品质量有保障。

（2）根据电器的要求，选择适用的电池类型和规格尺寸，并根据电器耗电的大小和特点，购买适合电器的电池。

（3）购买电池时注意查看电池的生产日期和保质期，新电池性能好。

（4）注意查看电池的外观，应选购包装精致，外观整洁、干净，无漏液迹象的电池。

（5）注意电池的标志，电池商标上应标明生产厂名、电池极性、电池型号、标称电压、商标等；销售包装上（如2只热缩或4只热缩，或吊牌挂卡）应有中文厂址、生产日期和保质期或标明保质期的截止期限、执行标准的编号（一般为国家标准GB/T××××××××）。不要购买无中文厂名、无生产日期和保质期或无标明保质期的截止期限、无执行标准的产品。购买碱性锌锰电池时应看型号有无 AL-KALINE 或 LR 字样。

（6）由于电池中的汞对环境有害，为了保护环境，在购买时应选用商标上标有"无汞""0%汞""不添加汞"字样的电池。

四、化学电池

化学电池是指通过电化学反应，把正极、负极活性物质的化学能，转化为电能的一类装置。经过长期的研究、发展，化学电池迎来了品种繁多、应用广泛的局面：大到一座建筑方能容纳得下的巨大装置，小到以毫米计的品种，无时无刻不在为我们的美好生活服务。

现代电子技术的发展，对化学电池提出了更高的要求。每一次化学电池技术的突破，都带来了电子设备革命性的发展。现代社会的人们，在每天的日常生活中，越来越离不开化学电池了。世界上很多电化学科学家，都把兴趣集中在作为电动汽车动力的化学电池领域。

1. 电池差别

干电池和液体电池的区分仅限于早期电池发展的那段时期。最早的电池由装满电解液的玻璃容器和 2 个电极组成。后来推出了以糊状电解液为基础的电池，也称做干电池。

但仍然有液体电池，一般是体积非常庞大的品种，如那些作为不间断电源的大型固定型铅酸蓄电池或与太阳能电池配套使用的铅酸蓄电池。对于移动设备，有些使用的是全密封、免维护的铅酸蓄电池，这类电池已经被成功使用了许多年，其中的电解液硫酸是由硅凝胶固定或被玻璃纤维隔板吸附的。

一次性电池俗称"用完即弃"电池，因为它们的电量耗尽后，无法再充电使用，只能丢弃。常见的一次性电池包括碱锰电池、锌锰电池、锂电池、锌电池、锌空气电池、锌汞电池、水银电池、氢氧电池和镁锰电池。可充电电池按制作材料和工艺上的不同，常见的有铅酸电池、镍镉电池、镍铁电池、镍氢电池、锂离子电池。其优点是循环寿命长，它们可全充放电 200 多次，有些可充电电池的负荷力要比大部分一次性电池高。普通镍镉、镍氢电池在使用时特有的记忆效应，造成了使用上的不便，常常造成提前失效。镍镉电池如图 1 - 2 所示。

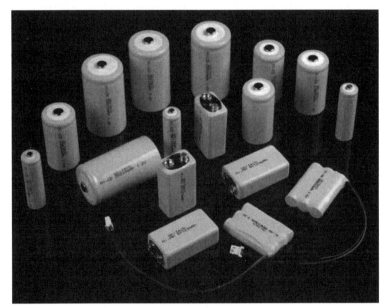

图 1 - 2　镍镉电池

2. 充电时间

电池的理论充电时间 = 电池的电量/充电器的输出电流。例如：以一块电量为 800 mA·h 的电池为例，充电器的输出电流为 500 mA，那么充电时间就等于 800 mA·h/500 mA = 1.6 h，当充电器显示充电完成后，最好还要给电池约 0.5 h 的补电时间。

学习任务二　常见电池分类

　　最多出现在我们日常生活中的，是化学电池中的二次电池，也就是可以重复充放电的电池，又叫充电电池或蓄电池。我们日常使用的手机、电脑、平板还有电动车的电池都是这类电池。而一次电池，就是大家熟悉的但已经被淘汰的一次性电池，也就是我们常说的5号电池、7号电池，常见于家里的电视遥控器或者小孩的玩具里，此类电池退役后通常污染比较大。电池种类如图2-1所示，一次电池如图2-2所示。

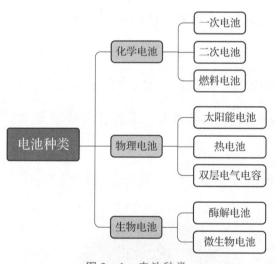

图2-1　电池种类

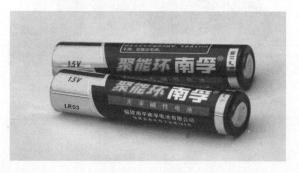

图2-2　一次电池

二次电池根据使用场景和元素化学性质的不同，又分为锂离子电池、锂离子聚合物电池、铅蓄电池、镍氢电池、镍镉电池等多个不同种类。本书将着重介绍锂离子电池、锂离子聚合物电池、铅蓄电池和镍氢电池这4大类。

总的来说，锂离子聚合物电池较锂离子电池更为先进，其逐渐取代锂离子电池，成为日常3C产品的常驻选手。锂离子电池由于受到化学成分的限制，形状多为长方体，且由于其电解液为碳酸乙烯或碳酸二乙酯等液体形态，一旦受到外力作用或内部零件老化发生漏液现象，将会变得极不稳定，存在很大的安全隐患，并且随着使用时长的增加，有时即使不使用也会发生放电现象。

而锂离子聚合物电池多使用干燥的固体、多孔或凝胶状电解质，而非液体，这就可以防止很大一部分由于电解液泄漏导致的热失控风险，并且锂离子聚合物电池还拥有更加轻巧、坚固的外观，体积也更加灵活多变。

当然，这并不意味着锂离子电池就完全失去了优势，毕竟锂离子聚合物电池目前存在着成本较高、生命周期较短，且能量密度较锂离子电池小的客观制约因素。

锂离子电池如图2-3所示。

图2-3　锂离子电池

铅蓄电池，从名字就不难看出，其正负极的主要元素就是铅元素。铅蓄电池的优点是放电时电动势较稳定，缺点是比能量（单位质量所蓄电能）小、对环境腐蚀性强、污染较严重。铅蓄电池的工作电压平稳、使用温度及电流范围宽、能充放电数百个循环、贮存性能好（尤其适于干式荷电贮存）、造价较低，因而应用广泛。

铅蓄电池如图 2 - 4 所示。

图 2 - 4　铅蓄电池

镍氢电池属于氢能源领域的应用范畴。镍氢电池分为高压镍氢电池和低压镍氢电池 2 类。高压镍氢电池可靠性强，在部分领域，用镍氢电池替代镍镉电池已经是大势所趋。镍氢电池具有较好的过放电、过充电保护，可耐较高的充放电率并且无枝晶形成。其质量比容量是镍镉电池的 5 倍。与镍镉电池相比，镍镉电池全密封、维护少、低温性能优良，在 - 10 ℃时，容量没有明显改变。

低压镍氢电池最早被研制出来是为了应用于民用领域，因为高压镍氢电池需要贵金属做催化剂，成本较高。低压镍氢电池可快速充放电、低温性能良好，且能量密度高，是镍镉电池的 1.5 倍以上，其与镍镉电池相比，全密封、维护少。

镍氢电池如图 2 - 5 所示。

图 2 - 5　镍氢电池

在了解了 4 类电池的基本属性后，如表 2 - 1 所示列举了它们的主要优势和应用领域。在未来，随着技术的不断发展，一定会有更多种类的电池被研发出来以适应更广阔的应用需要。

表 2 - 1　锂离子电池、锂离子聚合物电池、铅蓄电池、镍氢电池的主要优势和应用领域

电池种类	主要优势	应用领域
锂离子电池	能量密度大、循环性能优越、充电效率高、成本低	电动工具、自行车、滑板车、矿灯、医疗器械等
锂离子聚合物电池	寿命长、安全性较高、自放电程度低	遥控模型、随身电子产品、电动车等
铅蓄电池	电动势较稳定、工作电压平稳、使用温度及使用电流范围宽、成本低	汽车、拖拉机、铲车、客车、摩托车照明或动力装置、水力和风力发电电能储存等
镍氢电池	低温性能优良、能量密度高、循环性能好、安全可靠	航空航天、动力电池、数码产品、激光仪器等

学习任务三　锂离子电池结构及原理

锂电池是 20 世纪开发成功的新型高能电池，可以理解为含有锂元素（包括金属锂、锂合金、锂离子、锂聚合物）的电池，可分为锂金属电池（极少的生产和使用）和锂离子电池（现今大量使用）。锂离子电池因具有比能量高、电池电压高、工作温度范围宽、贮存寿命长等优点，已广泛应用于军事和民用小型电器中，如移动电话、便携式计算机、摄像机、照相机等，代替了部分传统电池。

锂离子电池主要应用领域如图 3 – 1 所示。

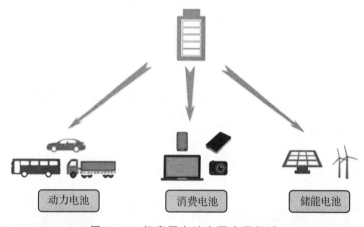

图 3 – 1　锂离子电池主要应用领域

一、锂离子电池的主要组成结构

1. 正极

活性物质主要指钴酸锂、锰酸锂、磷酸铁锂、镍酸锂、镍钴锰酸锂等，导电集流体一般使用厚度在 $10 \sim 20~\mu m$ 的铝箔。

2. 隔膜

一种特殊的塑料膜，可以让锂离子通过，但却是电子的绝缘体，目前主要有PE，PP，及其组合。还有一类无机固体隔膜，如氧化铝隔膜涂层就是一种无机固体隔膜。

3. 负极

活性物质主要指石墨、钛酸锂，或近似石墨结构的碳材料，导电集流体一般使用厚度在 $7 \sim 15 \ \mu m$ 的铜箔。

4. 电解液

一般为有机体系，如溶解有六氟磷酸锂的碳酸酯类溶剂，另有些聚合物电池使用凝胶状电解液。

5. 电池外壳

电池外壳主要分为硬壳（钢壳、铝壳、镀镍铁壳等）和软包（铝塑膜）2 种。锂离子电池结构如图 3 - 2 所示。

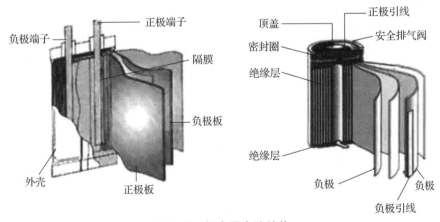

图 3 - 2　锂离子电池结构

当电池充电时，锂离子从正极中脱嵌，在负极中嵌入，放电时反之。这就需要一个电极在组装前处于嵌锂状态，一般选择相对锂而言电位大于 3 V 且在空气中稳定的嵌锂过渡金属氧化物做正极，如 $LiCoO_2$，$LiNiO_2$，$LiMn_2O_4$。

作为负极的材料则选择电位尽可能接近锂电位的可嵌入锂化合物，如各种碳材料，包括天然石墨、合成石墨、碳纤维、中间相小球碳素等和金属氧化物，包括 SnO，SnO_2 及锡复合氧化物 $SnB_xP_yO_z$ [$x = 0.4 \sim 0.6$，$y = 0.6 \sim 0.4$，$z = (2 + 3x + 5y)/2$] 等。

电解质采用 $LiPF_6$ 的乙烯碳酸脂（EC）、丙烯碳酸脂（PC）和低黏度二乙基碳酸脂（DEC）等烷基碳酸脂搭配的混合溶剂体系。

隔膜采用聚烯微多孔膜，如 PE，PP 或它们的复合膜，尤其是 PP/PE/PP 三层隔膜不仅熔点较低，而且具有较高的抗穿刺强度，能起到热保险作用。

外壳采用钢或铝材料，盖体组件具有防爆断电的功能。

✳ 二、基本工作原理

当对电池进行充电时，正极的含锂化合物有锂离子脱出，锂离子经过电解液运动到负极。负极的碳材料呈层状结构，它有很多微孔，到达负极的锂离子嵌入到碳层的微孔中，嵌入的锂离子越多，充电容量越高。

当对电池进行放电时（即我们使用电池的过程），嵌在负极碳层中的锂离子脱出，又运动回正极。回正极的锂离子越多，放电容量越高。我们通常所说的电池容量指的就是放电容量。

在锂离子电池的充放电过程中，锂离子处于正极→负极→正极的运动状态，这就像一把摇椅，摇椅的两端为电池的两极，而锂离子就在摇椅两端来回运动，所以锂离子电池又叫摇椅式电池。

正极反应　　$LiCoO_2 \underset{\text{放电}}{\overset{\text{充电}}{\rightleftharpoons}} Li_{1-x}CoO_2 + xLi^+ + xe^-$

负极反应　$C + x\text{Li}^+ + xe^- \underset{\text{放电}}{\overset{\text{充电}}{\rightleftharpoons}} C\text{Li}_x$

电池反应　$\text{LiCoO}_2 + C \underset{\text{放电}}{\overset{\text{充电}}{\rightleftharpoons}} \text{Li}_{1-x}\text{CoO}_2 + C\text{Li}_x$

锂离子电池充放电过程示意图如图 3 – 3 所示。

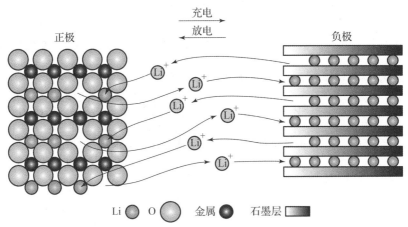

图 3 – 3　锂离子电池充放电过程示意图

充放电机理：

锂离子电池的充电过程分为 2 个阶段：恒流充电阶段和恒压电流递减充电阶段。

锂离子电池过度充放电会对正负极造成永久性损坏。过度放电导致负极碳片层结构出现塌陷，而塌陷会造成充电过程中锂离子无法插入；过度充电使过多的锂离子嵌入负极碳结构，而造成其中部分锂离子再也无法释放出来。

锂离子电池保持性能最佳的充放电方式为浅充浅放。一般 60% DOD 是 100% DOD 条件下循环寿命的 2~4 倍。

学习任务四　锂离子电池电极材料概述

❀ 一、正极材料的介绍

目前研究的正极材料主要包括三元镍钴锰系统、镍锰酸锂系统和磷酸铁锂系统等。

1. 三元镍钴锰系统

镍钴锰三元正极材料的通式为 $LiNi_xCo_yMn_{1-x-y}O_2$，根据三种元素的比例又将其简写为：$LiNi_{1/3}Co_{1/3}Mn_{1/3}O_2$（NCM111），$LiNi_{0.5}Co_{0.2}Mn_{0.3}O_2$（NCM523），$LiNi_{0.6}Co_{0.2}Mn_{0.2}O_2$（NCM622），$LiNi_{0.8}Co_{0.1}Mn_{0.1}O_2$（NCM811）。

镍钴锰三元正极材料属于六方晶系，R-3m 空间群，与 $LiCoO_2$ 类似，为 α-$NaFeO_2$ 层状结构（见图 4-1）。三元镍钴锰是典型的多元材料之一。多元材料与其他正极材料相比，各性能表现较为均衡，具有克容量较高，循环性能优异等特点，因此，多元材料被众多锂电专家认定为未来主要的锂离子电池正极材料。

如今，能量密度、成本、循环寿命是国际动力电池主要的通用评价指标。因此，如何提升能量密度和加快充电速度是目前车用动力锂电池最大的难题。多元材料镍、钴、锰元素比例可以调整，且随着镍含量提高，材料克容量提高，电池的能量密度也不断提升，因此，锂电厂家倾向于生产高镍材料 NCM622，NCM811 和镍钴铝酸锂（NCA）。同时，使用掺杂和包覆方法可以减小材料与电解液之间的副反应，确保在高电压下二次颗粒多元材料结构能稳定存在，不产生坍塌。

另外，材料厂商开发出一种单晶型高电压多元材料，这种材料具有较好的层状结构，从而提高材料在高电压下的循环性能。

项目一　锂离子电池概述

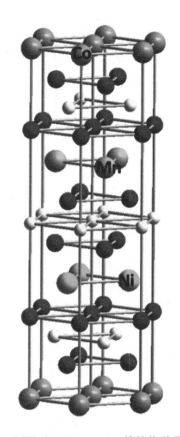

图 4 - 1　$LiNi_xCo_yMn_{1-x-y}O_2$ 的结构单元示意图

2. 镍锰酸锂系统

目前，锂离子电池在电动汽车及混动汽车等新型电动交通工具上应用广泛，其正极材料的研究备受关注。相比较而言，镍锰酸锂正极材料 $LiNi_{0.5}Mn_{1.5}O_4$（LNMO）拥有较高的工作电压、循环寿命性能和倍率性能等，被认为是最有发展潜力的正极材料之一；而尖晶石型的镍锰酸锂导电率比较高，因此，开发尖晶石镍锰酸锂为正极材料的蓄电池具有很大的前景。

下面介绍一下 $LiNi_{0.5}Mn_{1.5}O_4$ 晶体结构。用 0.5 mol 的 Ni 取代尖晶石型锰酸锂（$LiMn_2O_4$）材料中的部分 Mn 即可得到高电压尖晶石型 $LiNi_{0.5}Mn_{1.5}O_4$。与同晶型的 $LiMn_2O_4$ 材料相比，$LiNi_{0.5}Mn_{1.5}O_4$ 晶格中 Ni 离子与 Mn 离子相似，八面体择位

能较强，可顺利进入 16d 空位，使 Mn—O 键作用力增大，尖晶石结构更加稳定，更有利于 Li⁺ 的可逆脱嵌过程。所以，LNMO 材料在直接参与电池工作的氧化还原过程和脱嵌过程时，不会造成电池容量急剧衰减，循环性能也得到极大改善。

LNMO 正极材料在烧结过程中，部分氧原子会从晶格中逸散，产生氧缺陷，因此根据晶格中氧缺陷情况，它的晶体结构分为无序空间群结构和有序空间群结构。有序型结构为具有化学计量比的有序尖晶石型，$LiNi_{0.5}Mn_{1.5}O_4$ 空间群为 P432，此材料的晶格对称性低，晶格常数小于无序尖晶石 $LiNi_{0.5}Mn_{1.5}O_{4-\delta}$（$\delta$ 表示氧缺陷含量，$0 < \delta < 1$）。而无序型结构为非化学计量比的无序尖晶石型 $LiNi_{0.5}Mn_{1.5}O_{4-\delta}$ 空间群为 Fd3m。

3. 磷酸铁锂（LiFePO₄）系统

$LiFePO_4$ 具有规则的橄榄石型结构，Pnma 空间群，其晶格常数 $a = 1.032\ 9$ nm，$b = 0.601\ 1$ nm，$c = 0.469\ 9$ nm。在 $LiFePO_4$ 的晶体结构中，O 原子呈略微扭曲的六方形紧密堆积，P 占据 O 四面体的 $4c$ 位，形成 PO_4 四面体。Fe 和 Li 分别占据 O 八面体的 $4c$ 和 $4a$ 位，形成 FeO_6 和 LiO_6 八面体（见图 4 – 2）。Li⁺ 在 $4a$ 位置形成共边的直链并与 b 轴平行，使 Li⁺ 在充放电过程中可以自由脱嵌。PO_4 晶体中 P—O 强共价键使得该结构具有很强的热力学和动力学稳定性，充放电过程中磷酸铁锂的脱嵌不会引起材料体积的急剧收缩或膨胀。$LiFePO_4$ 正极材料的理论比容量为 170（mA·h）/g，拥有 3.5 V 的电压平台，充放电循环性能良好。在充电过程中，$LiFePO_4$ 相转变为 $FePO_4$ 相，放电过程与之可逆，由 $FePO_4$ 相转变为 $LiFePO_4$ 相。尽管在充放电过程中存在明显的相分离趋势，但它仍能进行高倍率充放电。经研究表明，这主要是因为相变过程中会有亚稳相的存在，亚稳相更有利于 Li⁺ 的传输。

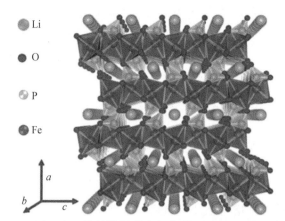

Li
O
P
Fe

图 4-2 以 Li^+ 一维扩散通道为视角的 $LiFePO_4$ 的晶体结构

$LiFePO_4$ 是最先进行商业化生产且应用最为广泛的锂离子电池正极材料。首先，在耐温性能方面，磷酸铁锂电池是所有储能电池中最耐高温的电池，奠定了一定的安全稳定的基础。其次，在提供大电流放电方面，虽然比聚合物锂电池稍差，但是比铅酸蓄电池要好很多，所以现在很多仓储物流使用的智能货物搬运车或机器人，使用的电池基本是磷酸铁锂电池。再次，在环保方面，磷酸铁锂电池对环境友好无污染，使用制造的原材料来源广，是可持续发展的良好产品。最后，在电化学性能方面，比如电池容量、能量密度、循环使用寿命等方面都远好于铅酸蓄电池。

二、负极材料的介绍

到目前为止，根据反应机理不同，锂离子电池负极材料可以分为以下 3 种类型：以石墨、钛酸锂为代表的嵌入型负极材料；以过渡金属氧化物、硫化物等为代表的转化型负极材料；以硅、锡单质为例的合金化型负极材料。

1. 嵌入型负极材料

嵌入型负极材料嵌入机制可以描述为，材料结构中可以容纳一定的外来的锂离子，相变形成新的含锂的化合物，并且能在随后的充放电过程中脱出外来的锂离子，恢复到先前的原始结构。嵌入型负极材料包括已经商业化的锂离子电池负极材料石墨、非石墨化的碳材料（如石墨烯、碳纳米管、碳纳米纤维）、TiO_2 以及钛酸锂等。其中碳材料的优点包括良好的工作电压平台、安全性好以及成本低等，但是也存在一些问题，如高电压滞后、高不可逆容量。钛酸锂负极材料具有优异的安全性、成本低、长循环寿命的优点，但能量密度低。

下面我们详细地介绍一下嵌入型负极材料中的碳负极材料。

Smart 等认为通过研究锂/石墨半电池的交流阻抗，发现负极 SEI 膜是锂离子传递过程中的主要阻力。C. K. Huang 等则认为影响电池性能的主要因素是低温下锂离子在负极材料本身扩散速率慢，而非 SEI 膜。在 $-20\ ℃$ 的条件下，锂离子较易脱出而较难嵌入。随着温度的降低，锂离子在负极的扩散能力急剧下降，造成极大的浓差极化。王洪伟等研究了充电倍率对于负极低温性能的影响，发现充电倍率越高，负极电位越低。这可能是由于充电倍率越大，电池反应速度越快，电极极化越强，Li 来不及嵌入负极就在表面析出与沉积。

金属锂和电解液反应生成的没有电子导电性的产物覆盖在负极表面，增加了负极表面的阻抗，导致电极极化进一步增大，电池电压再一次降低。这样反复的充放电使电池负极表面的 SEI 膜逐渐加厚。电池中的电解液也在不断地与金属锂发生反应，使电解液大量减少，更进一步降低了锂离子电池的低温放电性能。

冯祥明等发现碳负极在 $25\ ℃$ 时电化学活性较好，$-20\ ℃$ 时几乎表现不出充放电容量，这可能与碳负极在低温下可脱锂，但不能在低温下嵌锂有关。谢晓华等通过比较全充态与全放态的锂离子电池阻抗，发现在 $20\sim40\ ℃$ 范围内，嵌锂态的 MCMB 电解液阻抗 R_e 基本不变，SEI 膜阻抗 R_f、电荷传递阻抗 R_{ct} 随着温度降低逐渐增大，且三者的关系为：$R_{ct}>R_f>R_e$。而嵌锂态的 MCMB 与对应脱锂态的

LiCoO$_2$/C 相比，其阻抗对放电性能的影响较大。脱锂态的 MCMB：$R_{ct} > R_f > R_e$，当温度低于 −20 ℃时，三者的差相比于嵌锂态更大，可见脱锂态 MCMB 电极的电阻（$R_f R_{ct}$）比嵌锂态的电阻大。因此也认为 MCMB 是影响锂离子电池低温性能的主要因素。

碳负极这种低温条件不可嵌锂的现象可能引发安全问题，从而制约其在低温电池中的应用。针对碳负极存在的问题，结合低温 PC 基电解液的运用，高杰等对碳负极进行了改性研究，即采用不同的包覆方法在石墨表面包覆一层金属、无定形碳或氧化物，以改善其性能。研究发现采用化学镀铜的方法制备的 CMS 负极在 PC 基电解液电池中，首次循环伏安测试没有出现纯 CMS 负极的首圈不可逆峰。包覆的铜离子并不参与化学嵌脱锂。化学镀铜并结合 PC 基电解液的使用，可大大拓宽锂离子电池的低温使用极限，并有希望在 −60 ℃以下获得较好的电化学性能。

2. 转化型负极材料

转化型负极材料一般为不含锂的金属氧化物，如 CoO$_x$，FeO$_x$，NiO 等，与前面的嵌入型材料不同，此类氧化物大多为岩盐结构，其晶格中由于没有合适的空位无法储存外来的锂离子，但在电化学表征中仍能表现出非常高的电化学容量 [600 ~ 800 （mA·h）/g]。其中金属氧化物具有高比容量、成本低、对环境友好的特点，但其具有库伦效率低、循环稳定性差以及 SEI 膜不稳定的缺点。金属磷化物/硫化物/氮化物具有高容量、低电压平台和极化低等优点，但是其容量保持率低、循环寿命短、成本高。转化反应是基于一个置换反应发生的，该反应可概括为

$$M_a X_b + (b \cdot n) Li^+ + (b \cdot n) e^- \Longleftrightarrow aM + bLi_n X$$

式中：M = Mn，Fe，Co，Ni 等，X = H，N，P，S 等，n 为 X 的氧化态。这些过渡金属化合物完全被锂取代，形成金属纳米粒子，分散在 Li$_n$X 基体中。在该式中，Li$_n$X 的形成在热力学上是可行的。

过渡金属化合物在转化反应中的局部化学转变如图 4 - 3 所示，通过 M 粉末来分解电化学惰性的 Li_nX 是很困难的，因此，这种转化机制的可逆性的关键在于形成高电活性 M 纳米颗粒来分解由 SEI 膜包裹的 Li_nX。显然，用这些金属化合物作为锂离子电池负极材料总是能传递多电子，并产生非常高的比容量。以 Fe_2O_3 为例，电化学反应中每 mol 材料传递 6 个电子，对应理论比容量为 1 007（mA · h）/g，是石墨的 2 倍。因此，这些转化反应材料作为锂离子电池的负极材料是很有意义的。

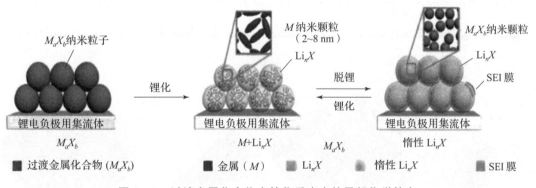

图 4 - 3   过渡金属化合物在转化反应中的局部化学转变

3. 合金化型负极材料

合金化型负极材料具有高的比容量、高的能量密度和良好的安全性，同样也具有一些劣势，如较大的不可逆容量、循环性能差。合金是由 2 种或 2 种以上的金属或金属与非金属经一定方法合成的具有金属特性的物质，可以在电势差的驱动下进行脱嵌锂反应，锂原子从原始晶格中脱嵌形成新的混合固溶相。合金化型负极材料主要包括 Si，Ge，Sn，P，As 等，反应机制的原理可以表示为

$$M + wLi^+ + we^- \rightleftharpoons Li_wM$$

式中：$M =$ Si，Ge，Sn，P，As 等，w 为反应过程中转移的锂离子数目。锂金属可以和其他金属在室温下合金化，这些合金化型负极材料具有远超石墨负极 ［372

项目一 锂离子电池概述

（mA · h）/g] 的理论比容量。例如，$Li_{4.4}Si$ 中硅（Si）的理论比容量为
4 200（mA · h）/g，$Li_{4.4}Sn$ 中锡（Sn）的理论比容量为 997（mA · h）/g，Li_3P 中
磷（P）的理论比容量为 2 596（mA · h）/g 等。但是，合金化和脱合金过程中的体
积变化很大，导致电极材料严重粉化、与集流体分离等问题，严重制约这种电极
材料的实际应用。

为了解决这些问题，可以通过形貌调控、与碳材料进行复合等来改善其储锂
性能。例如，Wang 等通过自卷纤维素纳米片设计了一个基于纤维素的拓扑涡旋，
形成一个无黏合剂、灵活、独立的电极（Si@ CNT/C），电极中硅含量可达 92%。
如图 4 - 4 所示为 Si@ CNT/C 复合电极具体设计原理图以及形成机制。从图中可以

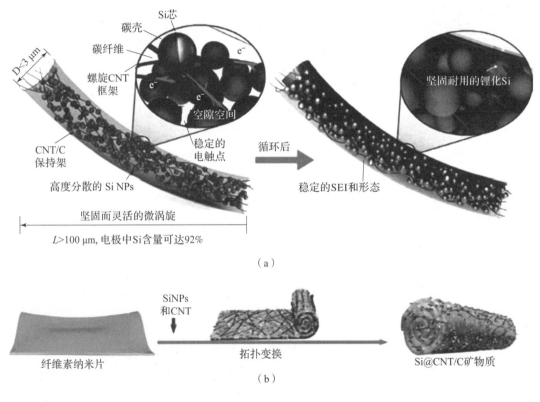

图 4 - 4　Si@ CNT/C 复合电极

（a）设计原理；（b）形成机理示意图

看出，微涡旋中，碳包覆的硅纳米粒子被锚定在导电碳纳米管上，随后被限制在具有足够内部空隙以容纳硅的体积膨胀的纤维素碳卷中，从而实现了高反应性硅的均匀分散。该结构具有2 700（mA·h）/g的超高电极比容量，在高硅含量为85%下具有良好的循环稳定性［300次循环后比容量大于2 000（mA·h）/g］。这一策略为高性能电池设计高活性物质含量的电极提供了一种新的途径。

项目二

电芯前段

学习任务五　浆料搅拌工艺

❀ 一、搅拌原理

通过搅拌叶、公转框相互转动，在机械搅拌的情况下产生与维持悬浮液，以及增强液固相间的质量传递。固液搅拌通常分为以下几个部分：

（1）固体颗粒的悬浮；

（2）沉降颗粒的再悬浮；

（3）悬浮颗粒渗入液体；

（4）利用颗粒之间以及颗粒与桨之间的作用力使颗粒团聚体分散或者控制颗粒大小；

（5）液固之间的质量传递。

❀ 二、搅拌作用

配料过程实际是将浆料中的各种组成按标准比例混合在一起，调制成浆料，以利于均匀涂布，保证极片的一致性。配料大致包括 5 个过程，即原料的预处理、掺和、浸湿、分散和絮凝。

❀ 三、浆料参数

1. 黏度

黏度指流体对流动的阻抗能力，其具体定义为液体以 1 cm/s 的速度流动时，在每 1 cm² 平面上所需剪应力的大小，也称为动力黏度，以 Pa·s 为单位。

黏度是流体的一种属性。流体在管路中流动时，有层流、过渡流、湍流 3 种状态，搅拌设备中同样也存在这 3 种流动状态，而决定这些状态的主要参数之一就是流体的黏度。

在搅拌过程中，一般认为黏度小于 5 Pa·s 的为低黏度流体，如水、蓖麻油、饴糖、果酱、蜂蜜、润滑油重油、低黏乳液等；5～50 Pa·s 的为中黏度流体，如油墨、牙膏等；50～500 Pa·s 的为高黏度流体，如口香糖、增塑溶胶、固体燃料等；大于 500 Pa·s 的为特高黏度流体，如橡胶混合物、塑料熔体、有机硅等。

2. 颗粒度 D50

颗粒度 D50 指浆料中 50% 体积的颗粒其粒径的大小范围。

3. 固含量

固含量指浆料内固体物质的含量百分比，理论配比固含量小于出货固含量。

四、混合效果的度量

检测固液悬浮体系搅拌与混合均匀的方法有以下 2 种。

1. 直接测量

（1）黏度法：从体系不同位置取样，用黏度计测量浆料的黏度；偏差越小，混合越均匀。

（2）颗粒度法：

①从体系不同位置取样，用颗粒度刮板仪观察浆料的颗粒度；粒度越接近原材料粉末大小，混合越均匀；

②从体系不同位置取样，用激光衍射颗粒度测试仪观察浆料的颗粒度；粒度分布越正态，大颗粒越小，混合越均匀。

（3）比重法：从体系不同位置取样，测量浆料的密度，偏差越小混合越均匀。

2. 间接测量

（1）固含量法：一种宏观测量法，即从体系不同位置取样，经过适当的温度和时间的烘烤，测固体份的质量，偏差越小混合越均匀。

（2）电子显微镜（Scanning Electron Microscope，SEM）/电子探针（Electronic Probe X – ray Micro – Analyzer，EPMA）：一种微观测量法，即从体系不同位置取样，涂布到基材上，烘干，用 SEM/EPMA 观察浆料干燥后膜片内颗粒或元素的分布。（体系固体份通常为导体材料）

五、负极搅拌工艺

导电炭黑（Conductive Carbon Black）：用做导电剂。其作用是连接大的活性物质颗粒使导电性良好。

丁苯橡胶（Styrene Butadiene Rubber，SBR）：用作黏结剂。其全称为丁二烯－苯乙烯橡胶聚苯乙烯丁二烯乳胶，水溶性乳胶，固含量48%～50%，pH为4～7，凝固点－5～0℃，沸点大约100℃，储存温度5～35℃。SBR是一种阴离子型聚合物分散体，具有良好的机械稳定性及可操作性，并具有很高的黏结强度。

羧甲基纤维素钠（Sodium Carboxymethyl Cellulose，CMC）：用作增稠剂和稳定剂。其外观为白色或微黄色絮状纤维粉末或白色粉末，无臭无味，无毒；易溶于冷水或热水，形成胶状，溶液为中性或微碱性，不溶于乙醇、乙醚、异丙醇、丙酮等有机溶剂，可溶于含水60%的乙醇或丙酮溶液；有吸湿性，对光热稳定，黏度可随温度升高而降低，溶液在pH为2～10时稳定，pH低于2，有固体析出，pH大于10，黏度降低；变色温度227℃，炭化温度252℃，2%水溶液表面张力系数为71 mN/m。

✳ 六、正极搅拌工艺

导电炭黑：用作导电剂。其作用是连接大的活性物质颗粒使导电性良好。

N－甲基吡咯烷酮（NMP）：用作搅拌溶剂。其分子式是C_5H_9NO。NMP为稍有氨味的液体，可与水以任何比例混溶，几乎与所有溶剂（乙醇、乙醚、酮、芳香烃等）完全混合；沸点204℃，闪点95℃。NMP是一种极性的非质子传递溶剂，具有毒性小、沸点高、溶解能力出众、选择性强和稳定性好的优点，广泛用于芳烃萃取，乙炔、烯烃、二烯烃的纯化，也用于聚合物的溶剂及聚合反应的介质。目前某公司阴极用NMP－002－02，纯度＞99.8%，比重为1.025～1.040，含水量要求＜0.05%。

聚偏二氟乙烯（PVDF）：用作增稠剂和黏结剂。其是一种白色粉末状结晶聚合物，相对密度为 1.75~1.78，具有极其良好的抗紫外线性和耐气候老化性，其薄膜在室外放置一二十年也不会硬脆龟裂。PVDF 的介电性能特异，介电常数高达 6~8，介质损耗角正切值也很大，为 0.02~0.2，体积电阻率稍低，为 $2 \times 1014 \ \Omega \cdot$ cm。其长期使用温度为 -40~150 ℃，在这个温度范围内，聚合物有着很好的机械性能。它的玻璃化温度为 -39 ℃，脆化温度在 -62 ℃ 以下，结晶熔点约为 170 ℃，热分解温度在 316 ℃ 以上。

七、浆料的黏度特性

1. 浆料黏度随搅拌时间的变化曲线

随着搅拌时间的延长，浆料黏度趋向一个稳定值而不再变化（可以说浆料已分散均匀）。浆料黏度随搅拌时间的变化曲线如图 5 - 1 所示。

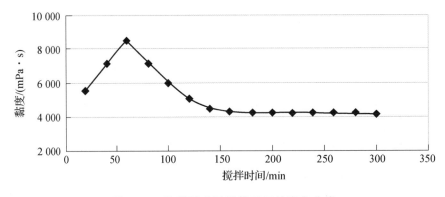

图 5 - 1　浆料黏度随搅拌时间的变化曲线

2. 浆料黏度随温度的变化曲线

温度越高则浆料黏度越低，当到达一定的温度时黏度会趋向一个稳定值。

浆料黏度随温度的变化曲线如图 5-2 所示。

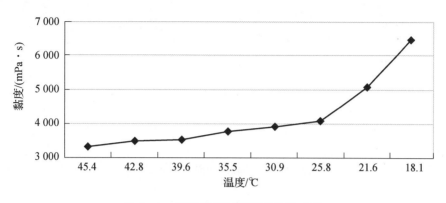

图 5-2　浆料黏度随温度的变化曲线

3. 中转罐浆料固含量随时间变化曲线

浆料搅拌完成后通过管道输送到中转罐中供 Coater 涂布，中转罐以自转为 25 Hz（740 r/min），公转为 35 Hz（35 r/min）搅拌，以保证浆料各项参数稳定，不会发生变化，包括浆料温度、黏度及固含量等，以保证浆料涂布的均匀一致性。中转罐浆料固含量随时间变化曲线如图 5-3 所示。

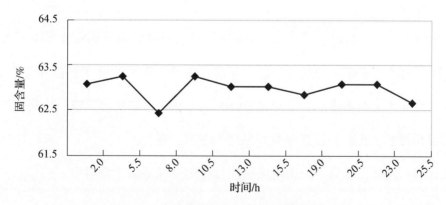

图 5-3　中转罐浆料固含量随时间变化曲线

4. 浆料黏度随时间变化曲线

浆料黏度随时间变化曲线如图 5-4 所示。

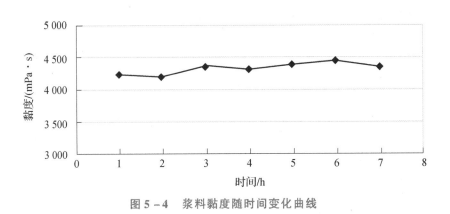

图 5 - 4　浆料黏度随时间变化曲线

八、负极配料工艺的参数控制方向

1. 搅拌工艺参数的影响

公转：将物料混合均匀，高固含量下通过挤压、摩擦作用将颗粒破碎掉。

自转：利用高速转动形成湍流和撞击，将大颗粒破碎掉。自转是影响颗粒分散的主要原因。

搅拌时间：对于石墨，需 2 h 高速分散，延长分散时间对颗粒度影响不大。

温度：温度直接影响分子的扩散。如温度太低，不利于分子扩散和传质过程；但温度过高会产生负面影响，会导致 PVDF 发生性变，黏度会很差，特别是对于高碱性的活性材料，在高温搅拌时更容易产生凝聚问题。

真空度：抽真空是为了防止高速搅拌过程中空气溶解于浆料中。

2. 分散不好对电芯性能的影响

电子电导差：在石墨负极体系中，SP 导电剂为链状结构，包覆在石墨表面，填充石墨间间隙，起传导电子作用，同时还能提高极片保液量。如果导电剂与石墨分散不好，则电子电导差。

石墨间导电作用差：循环过程中石墨被碎化，使间距逐渐增大，导电剂此时起到连通石墨间导电的作用。

浆料团聚：CMC分子为高分子链状结构，羧甲基及羟基等具有亲水性，当CMC溶解于水中时，亲水基团首先与水分子间形成的作用力发生溶胀，导致分子链之间团聚，因此需较高的剪切作用克服CMC与水分子之间的作用力，将CMC分散开。

影响电芯动力学：SBR具有导电子与导离子作用，未分散好会影响电芯动力学，使循环过程中体积反复膨胀，石墨间间距增大。SBR对石墨起束缚作用。

3. 浆料生产常用的评估方法

流变性：黏度测试。

稳定性：振荡测试、蠕变测试、松弛测试、搅拌工艺过程控制。

4. 搅拌工艺过程控制

搅拌工艺过程控制如图5-5所示。

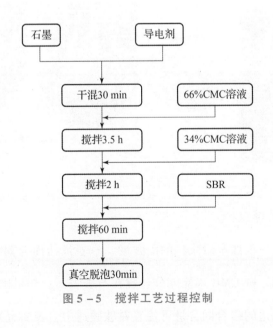

图 5-5 搅拌工艺过程控制

项目二 电芯前段

（1）干混：使粉体充分混合，固体之间的混合比在液态下固体间的混合容易多了。同时防止CMC团聚，缩短CMC溶解时间。

（2）捏合：高固含量下浆料比较硬，搅拌桨运动时可以对浆料进行摩擦剪切，同时由于搅拌桨呈麻花结构，运动时会对浆料产生向下的挤压作用。一方面，可以使大颗粒破碎掉；另一方面，使CMC包覆在石墨表面，由于CMC带正电，包覆在石墨表面后形成双电层结构，石墨间由于静电排斥，可以防止石墨颗粒间团聚。在生产中采用60%～63%固含量搅拌，出于对设备损耗的考虑，由于生产时采用200 L和650 L的搅拌罐，在高固含量下，电机功率无法承受，因此采用低黏度搅拌。低黏度下不利于CMC的包覆，因此搅拌时间需延长。

（3）第二步加CMC：CMC分子链基团与水分子存在氢键作用，悬浮在溶液中可形成庞大的空间位阻，防止浆料沉降。

（4）搅拌分散时间：使CMC充分溶解。在生产中采用2 h搅拌是利用浆料剪切变稀的原理以降低浆料黏度，使浆料可以做到较高固含量（见图5-6）。

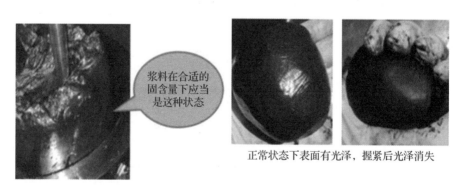

浆料在合适的固含量下应当是这种状态

正常状态下表面有光泽，握紧后光泽消失

图5-6　浆料状态

（5）捏合工艺关键点：

捏合固含量：第一步加水后浆料的固含量。石墨最佳捏合固含量为69%～70%。如果捏合固含量偏高，则CMC未能充分包覆在石墨表面；如果固含量偏低，则CMC不能均匀分散开。合适的捏合固含量可使浆料软硬适中，表面有光泽。

捏合时间：特别是第二步加入CMC后的捏合时间非常关键，如果不能很精确的把控时间，捏合时间应控制在10~20 min，注意不要超过20 min，到时间后可以将搅拌分散电机关掉。捏合时间过长浆料黏度和稳定性将显著降低。

加SBR后分散：SBR表面包覆了一层表面活性剂，当受到大的剪切力时会破乳导致浆料呈凝胶状态。为了防止SBR破乳，一般不会开启很高的分散速度，在低速分散下一般的SBR很少有破乳现象，加SBR后开启分散桨延长分散时间，可使CMC充分溶解。

慢搅抽真空：其目的是除去浆料中的空气。由于快速搅拌分散过程中会有部分空气溶解于浆料中，这一步可防止在涂布时出现气泡。

（6）转速/时间对SP导电剂分散的影响如表5-1所示。

表5-1 转速/时间对SP导电剂分散的影响

组别	公转/Hz	自转/Hz	分散时间/min	细度	D10/μm	D90/μm
A	40	40	120	<20 μm	/	/
B	40	25	120	<20 μm	1.43	30.51
C	40	25	60	<25 μm	4.99	45.45

（7）转速/时间对石墨分散的影响如表5-2所示。

表5-2 转速/时间对石墨分散的影响

组别	公转/Hz	自转/Hz	分散时间/min	颗粒度
A	40	40	120	D10:6.84　D50:11.72　D90:17.58
B	40	25	120	D10:7.05　D50:11.91　D90:17.70
C	25	40	120	D10:7.11　D50:12.83　D90:18.28
D	40	40	60	D10:6.92　D50:11.73　D90:17.41

项目二 电芯前段

（8）不同搅拌桨方式对浆料过程参数的影响如表5－3所示。

表5－3　不同搅拌桨方式对浆料过程参数的影响

搅拌桨型式	对流循环	湍流扩散	剪切流	低黏度混合	分散	溶解	转速范围/(r·min^{-1})	最高黏度/(Pa·s)
涡轮式	Y	Y	Y	Y	Y	Y	10～300	500
桨式	Y	Y	Y	Y		Y	10～300	20
推进式	Y	Y		Y	Y	Y	10～500	500
折叶开启涡轮式	Y	Y		Y	Y	Y	10～300	500
布鲁马金式	Y	Y	Y	Y		Y	10～300	500
锚式	Y					Y	1～100	1 000
螺杆式	Y					Y	0.5～50	1 000

学习任务六 极片涂布工艺

纵观锂电产业的发展，整体布局可高度归纳为上游配件厂—锂电生产厂—组装Pack厂—总成汽车厂4个环节；而在锂电生产厂这一环节，核心瓶颈工序为锂电池极片涂布工艺。综合统计电池生产的整个环节，涂布工序所造成的不良及异常影响占整个电池工艺的50%以上。涂布工序过程控制为电池制造的重中之重。本任务从原理阐述、专业术语、控制点分解等几个环节来铺开。

❋ 一、原理阐述

涂布机顾名思义是一种将成卷的基材如纸张、布匹、皮革、铝箔、塑料薄膜等，涂上一层特定功能的胶、涂料或油墨等，并烘干后收卷的机械设备。如口罩生产所需的喷绒布制作即可理解为通过涂布工艺来成型的。

涂布机存在于国家工业制造的方方面面，此处特指将动力锂电池原料涂覆在电池导电基材上的一种设备，一般通过此涂布方式来生产制造锂电池正负极极片。

从工艺流程来讲涂布是电芯制备过程中的关键工序，从设备价值来讲也是电芯制备过程中的关键工序（高端系列售价过千万），从非线性控制角度来讲更是电芯制备过程中的关键工序。

涂布的均匀性、一致性、对齐性、烘烤稳定性、黏结剂扩散性、面密度稳定性等都与电芯制备息息相关。涂布质量的好坏直接关系到电池质量的优劣，同时锂离子电池由于体系的特点使得其对水分十分敏感，微量的水分就有可能会对电池的电性能产生严重的影响（811系列更明显）。此外，涂布性能的高低直接关系到成本、合格率等切实指标。

❋ 二、专业术语

1. 容量设计

电池设计容量 = 涂层面密度 × 活性物质比例 × 活性物质克容量 × 极片涂层面积。

其中，涂层面密度是一个关键的设计参数，主要在涂布和辊压工序控制。压实密度不变时，涂层面密度增加意味着极片厚度增加，电子传输距离增大，电子电阻增加，但是增加程度有限。厚极片中，锂离子在电解液中的迁移阻抗增加是影响倍率特性的主要原因，考虑到孔隙率和孔隙的曲折连同，离子在孔隙内的迁移距离比极片厚度多出很多倍。

2. N/P 比

$$N/P = (负极活性物质克容量 × 负极面密度 × 负极活性物含量比)/$$

$$(正极活性物质克容量 × 正极面密度 × 正极活性物含量比)$$

从安全使用角度，对于负极类电池 N/P 要大于 1.0，一般为 1.06 ~ 1.1，主要为了防止负极过快、不可逆析锂。实际设计时还要考虑工序能力，如涂布面密度偏差。但是，N/P 过大时会导致电池产生不可逆容量损失，使其容量偏低，电池能量密度也会随之降低。而对于钛酸锂负极，采用正极过量设计，电池容量由钛酸锂负极的容量确定。正极过量设计有利于提升电池的高温性能；在正极过量设计时，负极电位较低，更易于在钛酸锂表面形成 SEI 膜。

相比于传统的铅酸电池，锂离子电池最大的特点在于其电势要明显高于水的稳定电压范围，传统的水溶液电解液无法应用在锂离子电池中，因此人们开发了有机电解液体系，使得锂离子电池能够在高电压下稳定工作。由于锂离子电池的特点使得其对水分十分敏感，微量的水分都会严重地影响锂离子电池的性能，因此在整个生产过程中都必须严格控制材料中的水分含量，这其中包含了涂布后电极的烘干过程、碾压后的电极烘干过程、电芯卷绕后的烘干过程等，还包含在锂离子电池整个生产过程中的环境水分控制。研究表明锂离子电池在生产过程中，33%的能量消耗在了电极的干燥过程，46%的能量消耗在了干燥间的运行过程（样品），因此锂离子电池电极的干燥工艺对锂离子电池的生产成本有着重大的影响。同时电极在涂布烘干后，再次进入到空气环境中时还会吸水，且绝大部分吸水发生于暴露在空气中的首个小时。例如，石墨材料有80%的吸水发生于暴露在空气中的首个小时，而对于玻璃纤维和$LiFePO_4$这一比例还要更高。

含水量过高会严重影响锂离子电池的循环性能，为了保证锂离子电池的使用寿命，需要保证足够的烘干，将电极的水分除去。不同的材料在烘烤的过程中水分蒸发的特点不尽相同，例如石墨材料和$LiFePO_4$材料，含水量比较高，因此需要稍长一些的烘干时间，并在烘干后尽快使用，避免在空气中暴露过长时间，以减少材料吸水。$LiMn_2O_4$材料烘干过程中水分释放不彻底，也需要延长烘干时间。NCM523材料水分相对较少也比较容易烘干，烘干残留水分较少，因此可以适当减少烘干时间。$LiCoO_2$材料水分含量最少，也非常容易烘干，因此可以简化烘干步骤。对于常见的聚合物隔膜，由于其本身水分很低，且不易吸水，因此可以不烘干，而玻璃纤维隔膜水分含量很高，并且非常容易再次吸水，因此必须采用更加严格的烘干步骤，并减少其在空气中的暴露时间。

良好的电极烘干工艺应该在保证电极水分含量满足要求的同时，尽量节省烘干时间，以减少烘干时的能量消耗。锂离子电池生产中用到的材料种类很多，不同种类在烘干过程中水分蒸发的特性不同（电极材料的比表面积、亲水性、与水分子键合的强度影响锂离子电池含水量）。例如，相比于传统的钴酸锂材料，高镍的 NCA 和 NCM 材料更加容易吸收水分，因此在制定烘干工艺时需要根据材料的物理特点，制定针对性的烘干工艺，以节省烘干过程中的能耗、降低生产成本、提高电池利润率。

❈ 三、控制点分解——涂布机结构模块示意（双层结构类似）

涂布机结构模块示意图如图 6－1 所示。

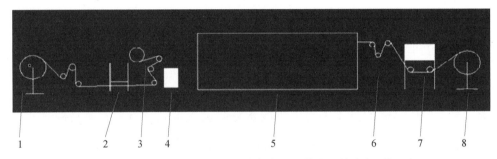

1—放卷机构（含放卷纠偏）；2—操作平台；3—模头（转移式、挤压式）；

4—过程纠偏（视觉检测＋纠偏本体）；5—烘箱；6—收卷预纠偏；7—面密度测试仪；8—收卷机构。

图 6－1　涂布机结构模块示意图

1. 放卷机构

放卷机构由放卷轴、过辊、接带平台、张力控制系统、放卷纠偏系统等组成。基材自放卷轴开卷后，经由过辊、接待平台以及张力检测辊后进入涂布头机构前这一段区域，项目及说明如表 6－1 所示。

表 6－1　项目及说明

序号	项目	说明
1	过辊安装方式	框架式安装

序号	项目	说明
2	纠偏方式	自动纠偏检测与控制，行程 ± ××× mm
3	基材运转方向	正向涂布，反向倒片
4	放卷卷径	≥ ××× mm
5	放卷轴最大承重	××× kg
6	卷筒夹持	气涨轴/两侧顶锥式
7	放卷轴数	单轴放卷/双轴放卷
8	接料平台	手动接带/自动接带
9	驱动方式	交流电机、直流电机、磁粉离合器/闭环控制系统

2. 操作平台

操作平台是设备人员全面操作涂布机、监控设备运行状态、调节机台参数、控制过程稳定性、中控指导等一系列生产活动的区域，其功能类似汽车的驾驶室、火车的操控室、轮船的调度室、电脑的 CPU 等。

3. 模头

模头的主要作用是将涂料均匀涂覆到基材的表面，是涂布机的核心零部件。模头在结构上有转移式模头与挤压式模头之分。

（1）转移式模头。

转移式涂布是应用较早较广泛的涂布技术。转移式涂布机由料槽、涂布辊、刮刀辊、背辊、驱动电机、减速机、精密轴承及高性能的气动元件等组成；工作时涂布辊转动带动浆料通过调节对应刮刀间隙来调节浆料转移量，并利用背辊和涂布辊的配合转动将浆料转移到基材上，通过调节参数来实现连续涂布、间隙涂布等工艺。

转移式模头如图 6 - 2 所示。

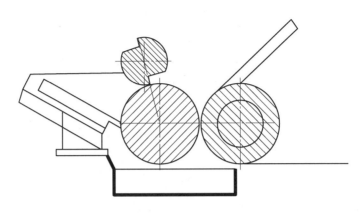

图 6 - 2 转移式模头

涂布辊转动时带动浆料通过计量辊间隙形成一定厚度的浆料层，同时控制削薄一定厚度的浆料层，通过方向相对的涂辊与背辊转动，转移浆料到箔材上形成涂层。

（2）挤压式模头。

挤压式涂布作为一种精密的湿式涂布技术，工作时浆料在一定压力、一定流量下经过过滤装置、传送装置后，沿着涂布模具的缝隙挤压喷出而转移到基材上。挤压式涂布相比其他涂布方式具有很多优点，如涂布速度快、精度高、湿厚均匀，涂布系统封闭，在涂布过程中能防止污染物进入，浆料利用率高，能够保持浆料性质稳定，可同时进行多层涂布等优点。挤压式涂布能适应不同浆料黏度和固含量范围，与转移式涂布工艺相比具有更强的适应性。

挤压式模头如图 6 - 3 所示。

区别于转移式涂布机，挤压式涂布机要形成稳定均匀的涂层需具备以下特点。

①浆料性质稳定（匀浆性能良好），不发生沉降，黏度、固含量等变化可控。

②浆料上料稳定，能实现稳定的流体控制状态。

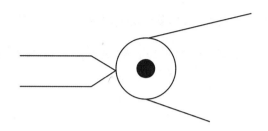

图 6 - 3　挤压式模头

③涂布工艺在单卷涂布期间，在模头与背辊之间形成稳定的流场。

④走箔稳定，不发生走带滑动、严重抖动和褶皱。

⑤优良的低速、中速、高速控制区间。

4. 过程纠偏（国内新升起应用产业）

当前涂布机的速度越来越快，从最初 15 m/min，25 m/min 到 50 m/min，80 m/min 等，涂布机模式也从最初的单层涂布到现在越来越多的双层涂布。涂布机的巨大变化带来的是过程控制的难度增加和正反面对齐控制难度的增加，目前检测模式一般使用线阵相机和面阵相机。

1）线阵相机

线阵相机（见图 6 - 4）是较特殊的视觉机器。与面阵相机相比，它的传感器只有一行感光元素，因此使高扫描频率和高分辨率成为可能。线阵相机的典型应用领域是检测连续的材料，例如金属、隔记膜、纸和轮胎等，线阵相机有效像素以 1 K，2 K，4 K…16 K 定义。

图 6 - 4　线阵相机

优点：线阵 CCD 的优点是一维像元数可以做到很多，而总像元数较面阵 CCD 相机少，而且彩色电视元尺寸比较灵活，帧幅数高，特别适用于高速动态目标的测量。

2）面阵相机

面阵相机（见图 6-5）的传感器 X、Y 轴向各有多行感光元素，应用面较广，如面积、形状、尺寸、位置，甚至温度等的测量。其有效像素以几百万像素来定义，精度以分辨率来评估。

优点：直接获取二维图像信息，测量图像直观。

缺点：像元总数多，而每行的像元数一般较线阵少，帧幅率受到限制。

图 6-5　面阵相机

3）线阵相机检测原理

线阵相机检测原理为采用一个或两个线阵 CCD 相机作为传感器，光源与 CCD 安装在同一检测面，由于极片特性，基材铜箔、铝箔反光强度高，敷料反光强度低，因此通过采集的光源被反射的部分来计算出被测物体的实际宽度。远程显示屏用来实时显示被测物体的测量宽度。控制器将实时显示宽度值并通过各种 CAN、485 等串口通信方式发送给上位机来闭环控制材料宽度，满足设备工艺要求。

线阵相机检测原理示意图如图 6-6 所示。

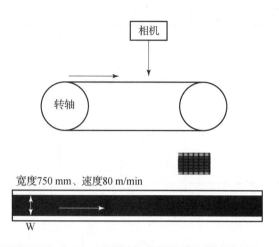

宽度750 mm、速度80 m/min

图6-6　线阵相机检测原理示意图

在高速连续运作场合下，面阵相机已不适合用来连续取图测试，而线阵相机通过连续的一行行动态取图再拼接成一幅幅图片正适合此类应用场景。

特别是在现今追求高效率的背景下，涂布机的模头越做越宽，从750 mm，950 mm，1 200 mm 到 1 600 mm（汽车厂商车型尺寸为需求根源→Pack 尺寸→模组尺寸→电芯尺寸→极片尺寸→涂布尺寸→涂布机尺寸），此时靠人工检测已经不具备现实意义，且在节能生产上也离不开视觉检测，因此线阵相机的检测优势脱颖而出。

5. 烘烤成型

涂布工序是锂电池成型生产过程中的关键工序，而烘烤成型为涂布工序的关键节点；涂布极片的掉粉、烤焦、烤不干、压实密度不达标、溶剂挥发不一致、浆料与箔材黏结力不够等异常的出现都与烘烤的好坏有直接关系。

锂离子电池烘烤过程示意图如图6-7所示。

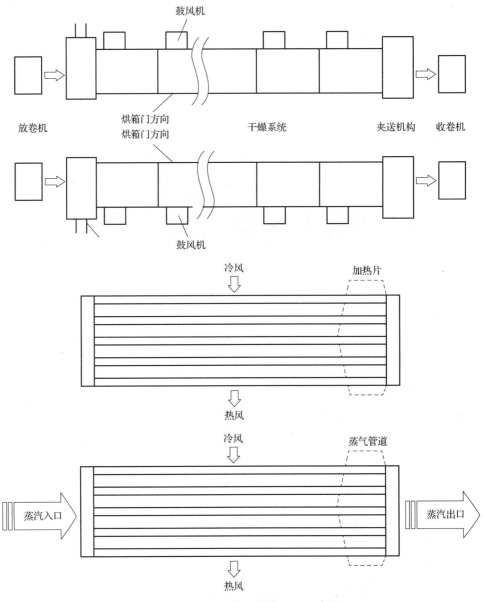

图6-7 锂离子电池烘烤过程示意图

从原理上来讲，烘烤是将外部的热量传导到锂电池极片的过程，是一个能量输入输出的过程，是完成热交换的过程；对应的加热介质有热风（电加热、蒸汽加热、导热油加热）、红外、微波（严格意义上属于波传导热），对应市面上常用的涂布机类型也有以上几种；在实际购买时锂电池生产厂家需综合评估产品类型、产品数量、停机时间、维护成本、更新换代等因素，然后才能选出最适合自身实际的设备。

6. 风嘴流体

技术发展至今，涂布机热源载体从电加热、蒸汽加热、微波加热，到导热油加热，经历数次规模变更，对应的是控制技术切换，烘箱、风嘴流体更改；涂布速度从最初 15 m/min，30 m/min，50 m/min 到 70 m/min，甚至有突破 100 m/min 的趋势，涂布宽度从最初的 550 mm，750 mm，1 200 mm，到 1 600 mm 的试水。

以某公司双层高速涂布机为例：其风嘴流体特性为由内至外（烘箱横截面）；风嘴流体是烘烤作用的终端，直接影响着涂布效果，市面上涂布机厂家修改最多的也是此处，而烘箱本体、热交换室、风道则遵循不出事故不改，不退货投诉不改的原则。

大家可以发散思维想一想，出现这种现象的原因是什么？

风嘴模型示意图如图 6 - 8 所示。

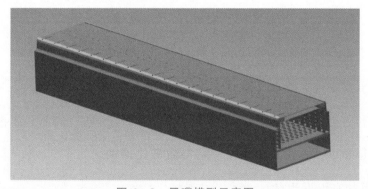

图 6 - 8　风嘴模型示意图

学习任务七　极片辊压工艺

极片在涂布、干燥完成后，活性物质与集流体箔片的剥离强度很低，需要对其进行辊压，以增强活性物质与箔片的黏结强度，以防在电解液浸泡、电池使用过程中剥落。同时，极片辊压可以压缩电芯体积，提高电芯能量密度，降低极片内部活性物质、导电剂、黏结剂之间的孔隙率，降低电池的电阻，提高电池性能。

❀ 一、辊压目的

极片的压实密度对电池的电化学性能有重要影响。在一定范围内，随着压实密度增加，活性物质粒子间距减小，接触面积增大，利于离子导电的通路和桥梁增多，在宏观方面表现为电池内部电阻降低。但若极片的压实密度太大，活性物质粒子之间接触程度太紧密，会使电子导电率增加，对锂离子而言，会使其通道减少或堵塞，不利于容量的发挥，在进行放电时，极化增加，电压降低，容量下降。压实密度太小时，粒子间距大，锂离子移动通道通畅，电解液吸液能力较强，利于电池内部的锂离子移动，但由于粒子间接触程度不够紧密，不利于电子进行导电，在进行放电时，易导致极化增加。

辊压的目的有以下几点：

（1）保证极片表面光滑和平整，防止涂层表面的毛刺刺穿隔膜引发短路；

（2）对极片涂层材料进行压实，降低极片的体积，以提高电池的能量密度；

（3）使活性物质、导电剂颗粒接触更加紧密，提高电子导电率；

（4）增强涂层材料与集流体的结合强度，减少电池极片在循环过程中掉粉情况的发生，提高电池的循环寿命和安全性能。

❋ 二、极片辊压过程与控制

1. 辊压过程

电池极片轧制的过程是电池极片由轧辊与电池极片间产生的摩擦力拉进旋转的轧辊之间，电池极片受压变形的过程。电池极片的轧制不同于钢块的轧制。轧钢的过程是铁分子沿纵向延伸和横向宽展的过程，其密度在轧制过程中不发生变化；而电池极片的轧制是正负极板上电池材料压实的过程。电池极片实施辊压时，轧制力不宜过大也不宜过小，应符合电池极片材料的特征。

极片密度与轧制力的关系如图7-1所示。

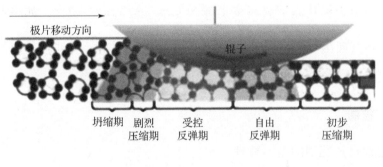

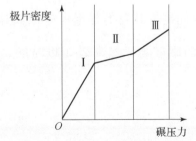

图7-1 极片密度与轧制力的关系

Ⅰ区域为第一阶段：此阶段中当轧制力刚开始逐渐增加时，极片的密度便迅速增大，这是因为这一阶段中，电极材料颗粒产生位移，孔隙结构被填充，第一阶段一般也被称为滑动阶段。这一阶段是 3 个阶段中极片密度增加速率最快的阶段。

Ⅱ区域为第二阶段：由于第一阶段中电极材料孔隙结构被填充，极片涂层材料的密度已经达到定值，在第二阶段中进行极片轧制时出现了一定的压缩变形阻力。与第一阶段相比，该阶段虽然轧制力继续增大，但极片的密度增加速率已经降低。从微观上来看，这是因为该阶段内极片涂层材料颗粒的位移已经很小，但是涂层材料颗粒的大位移还没有开始。

Ⅲ区域为第三阶段：当轧制力超过一定大小后，电池极片的密度又开始随着轧制力的增加而增加，然后增加的速率逐渐降低。这是因为当轧制力超过某个值时极片涂层材料颗粒的位移又逐渐开始，极片的密度又开始增加。当轧制力增加到一定值时，由于极片涂层材料变形较为剧烈，造成加工硬化，如果此时继续增加轧制力，极片涂层材料发生进一步变形已经较为困难。因此，最后随着轧制力的继续增加，极片的密度增加不大，增加幅度也降低下来。

2. 辊压控制

（1）电池极片轧制的基本机理。

电池极片辊压属于粉末轧制，其目的是提高电池极片活性物质的压实密度及其均匀性，提高活性物质的附着力，提高表面粗糙度。轧制过程遵从质量守恒定律。

（2）垂直压实与纵向延展。

在轧制过程中，两只轧辊对电池极片的压力实际上是垂直压力和水平压力的合力，其大小取决于极片活性物质的压缩量和轧辊咬入角。在极片活性物质压缩量一定的前提下，垂直压力和水平压力的大小取决于两只轧辊的咬入角，咬入角大则水平压力大，咬入角小则垂直压力大。压实密度取决于垂直压力大小，纵向延伸率取决于水平压力大小。

（3）极片压实密度均匀性与表面粗糙度。

假设极片涂布厚度是均匀的，则电池极片压实密度均匀性取决于两只轧辊之间接触母线的平行度，其影响因素主要是轧辊同轴度、辊身圆柱度、轴承精度、设备刚性和稳定性、轧辊两端的缝隙调整等。极片辊压表面的粗糙度取决于活性物质颗粒大小和轧辊表面的粗糙度。

（4）集流体延伸与活性物质颗粒滑移。

铝箔或铜箔集流体在大辊径轧辊辊压设备上辊压时很难延展，但是集流体上粘结的活性物质在水平压力的推动下会发生滑移，进而带动电池极片集流体延伸，延伸率影响了极片的平整性和导电性。

（5）电池极片局部延伸压缩与内应力不均。

电池极片涂布厚度存在误差，两只轧辊接触母线平行度也存在误差。为此电池极片上的活性物质局部压实密度并不均匀，局部延展与周边压缩并存造成了极片内应力不均匀，进而影响了电池极片板型的平整度。

（6）极片压实密度、延伸率与辊径。

两只轧辊咬入角大小直接影响了极片活性物质的压实密度和延伸率，而轧辊辊身直径的大小直接决定了咬入角大小。辊径大则咬入角小，辊径小则咬入角大。

（7）极片辊压厚度反弹与辊压速度和环境湿度。

辊压速度慢会减小极片活性物质的弹性变形量，也就是辊压后的厚度反弹量会变小。然而事实是当滚压速度提高到一定数值时，极片辊压后的厚度反弹量反而变小，这是因为环境湿度造成的。活性物质吸水量不仅影响了活性物质的表面碱性，也影响了厚度反弹量。

（8）极片辊压内应力不均匀与张力控制。

极片辊压的过程就是压缩变形与延展变形的过程，此过程中进口张力影响极片的内应力分布，出口张力影响极片的板型平整度。

（9）热辊压与极片的变形抗力。

一般来说，物质变形抗力都会随着温度升高而变小，塑性变形量也会随之增大。极片热辊压还有利于减少轧辊表面磨损，但就极片冷热辊压的比较一直没有明显效果，足见极片辊压影响因素的复杂性。

❋ 三、辊压过程中存在的问题及解决办法

（1）极片厚度不均匀。

引起极片辊压厚度不均匀的因素很多，如极片涂布厚度不均匀、轧辊同轴度误差、轧辊圆柱度误差、轧辊接触母线不平行、轧辊轴向挠曲变形、辊压设备的刚性稳定性差等。

气液增压泵加压式极片轧机如图 7-2 所示。

横向厚度不均匀，在极片辊压过程中，常出现测量左右极片厚度不一致的情况。当极片左右厚度不一致时，需首先排除极片涂布过程中的影响，当测试未辊压的极片左右厚度一致时，则需要对辊压压力进行左右调节，以保证极片辊压后左右压实密度一致。在辊压过程中要定时对极片进行测试，以防辊压途中压力发生变动。

纵向厚度不均匀，有时会出现极片经过辊压后，测试极片厚度符合要求，但是在分切时又出现厚度增加的现象。此为极片的反弹现象，极片反弹一是极片内

图 7-2　气液增压泵加压式极片轧机

部水分较多，二是辊压时速度太快。极片反弹问题可以通过使用热辊工艺和控制辊压速度解决。

（2）极片出现镰刀弯。

这种情况主要是两只轧辊接触母线不平行或极片涂布两边厚度不一样所致。由于边缘厚度较中间部位大几微米或十几微米，轧辊压力作用在极片上时，边缘厚度大的区域承受更大的轧制力，从而导致极片辊压压实横向密度不一致，造成了极片辊压后翘曲严重，对后续的分切工艺也会产生不利影响。控制翘曲，关键还是要控制极片涂布质量，通过控制浆料表面张力、泵压、走带速度、辊压压力等参数可以有效减少极片翘曲的情况，当然，是在满足设计要求的条件下。

（3）极片出现波浪边。

这种情况主要是极片辊压过程中延展率比较大造成的。诱因是辊身直径小、极片辊压前张力小、极片厚度压缩量大、极片涂布两边凸起等。极片在辊压的过程中，活性物质之间相互挤压，并对铜箔、铝箔施加了一定的压力，会产生一定的延展。在辊压时，没有活性物质涂覆的部分没有发生延展，而有活性物质的极片在辊压力作用下产生延展，延展不一在外观上形成箔带边缘的波浪形皱褶，平行的波浪痕迹与箔带运动方向垂直。

（4）极片表面出现暗条纹。

这种情况主要是轧辊表面存在振纹、辊身圆柱度误差大、前张力小且不均匀所致。

（5）极片出现卷边。

这种情况就是极片延伸率过大所致。解决方法主要是加大辊身直径、减小极片压缩量、调整极片前后张力等。

（6）极片出现断带。

这种情况主要是张力不均匀不稳定、缺少张力快速响应机构、极片涂布边缘凸起严重等所致。比如在涂布过程中，若在极片表面出现留有小颗粒等质地不均现象，则在辊压时，小颗粒受到双辊压力，便向箔带方向挤压，颗粒体较软的可被碾成粉末继而脱落，颗粒体较硬的会挤压箔带，造成箔带破孔甚至箔带断裂；涂布过程中，如果极片表面面密度不同，则在辊压过程中会出现一片过辊压而另外一片辊压不足的情况。在极片走带过程中，张力控制相同的情况下，辊压不足的地方则会出现部分活性物质脱落甚至断箔的现象。控制收卷张力，防治大颗粒杂质落到极片表面可以有效减少极片断裂。

（7）极片两边张力松紧不同。

这种情况主要是轧辊轴线与各轧辊轴线不平行所致，可调整各轧辊轴线平行度解决。

（8）轧辊表面出现麻点。

这种情况是轧辊表面的疲劳点蚀，主要是轧辊材质及热处理金相组织不均匀，辊面抗疲劳强度差引起的，也和轧辊表面粗糙度有关。

（9）极片辊压厚度反弹。

这种情况主要是极片辊压后残余弹性变形量大、环境湿度大所致。可以尝试热辊压、慢速辊压、高速辊压、减低环境相对湿度等措施。

（10）极片板型不平整。

这种情况主要是由于极片辊压变形量不均匀、前后张力小且不均匀或极片涂布厚度有误差。

此外还有一些操作失误，如测量极片厚度时刮料、问题点没有及时标记等人为失误，可以通过加强人员培训提高意识来解决。

四、辊压工艺对电芯的影响

1. 辊压对极片加工状态的影响

辊压后极片的理想状态是极片表面平整，在光下光泽度一致，留白部分无明显波浪，极片无大程度翘曲。但是在实际生产中，操作熟练度、设备运行情况等都会引起部分问题的产生。最直接的影响是极片分切，如果分切的极片宽度不一致，极片会出现毛刺；辊压结果则影响极片的卷绕，严重的翘曲会造成极片卷绕过程中极片、隔膜间产生较大的空隙，在热压后会形成某些部分多层隔膜叠加，成为应力集中点，影响电芯性能。

2. 辊压对锂电池的影响

（1）对电池比能量、比功率的影响。

根据法拉第定律，电池电极通过的电量与活性物质的质量成正比。极片辊压直接影响了极片活性物质的压实密度，直接影响电池比能量。

（2）对电池能量密度、功率密度的影响。

极片活性物质的压实密度直接影响了电池的能量密度和功率密度。

（3）对电池循环寿命的影响。

极片辊压直接影响了活性物质在电池集流体上的附着力，也就直接影响了活性物质在电池充放电过程中的分离与脱落，进而影响着电池的循环寿命。

（4）对电池内阻的影响。

极片活性物质的压实密度和脱落程度极大地影响着电池的欧姆内阻和电化学内阻，也就直接影响了电池的各种性能。

（5）对电池安全的影响。

极片活性物质的压实密度均匀性，电池极片辊压造成的表面粗糙度等都会直接影响电池负极析锂、正极析铜、尖角放电，最终酿成安全事故。

✺ 五、总结

锂离子电池制作过程中有很多的影响因素，解决了每道工序中可能出现的工艺问题后，将直接减少对生产资料的浪费。完善后续的装配、注液、包装等工序的品质和效率，可以提高最终产品的品质和一致性，降低生产成本，继而使锂离子电池产品具有更强的市场竞争力。

学习任务八　制片/模切工艺

电极制造过程如下：首先，将包括活性材料、导电添加剂和黏合剂在内的电池成分在溶剂中均匀化。这些成分有助于提高电极的容量和能量、导电性和机械完整性。重要的是，成分之间的质量比应确保达到性能的最佳组合。此外，溶剂的选择将决定哪些黏合剂是合适的，以及是否需要额外的添加剂。其次，将得到的悬浮液即电极浆料，涂在金属箔（用于正极和负极的铝箔和铜箔）上。在实验室规模上，涂层通常是通过相对原始的设备（如刮墨刀）实现的，而在工业水平上，最先进的是槽模涂层机。再次，在压延或压制的步骤中，将涂层干燥并压缩至所需厚度。最后，进行电极切割、缠绕、包装和组装电池、检查。

锂离子电池极片经过浆料涂布、干燥和辊压后，形成集流体及两面涂层的三层复合结构。然后根据电池设计结构和规格，最后再对极片进行裁切。一般地，对于卷绕电池，极片根据设计宽度进行分条；对于叠片电池，极片则相应裁切成片，如图 8 - 1 所示。目前，锂离子电池极片裁切工艺主要采用以下 3 种：

（1）圆盘剪分切。

（2）模具冲切。

（3）激光切割。

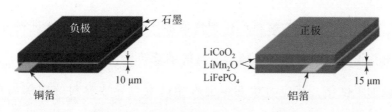

图 8 - 1　锂离子电池正负极极片示意图

在极片裁切过程中，极片裁切边缘的质量对电池性能和品质具有重要的影响，具体包括：

（1）毛刺和杂质会造成电池内短路，引起自放电甚至热失控。

（2）尺寸精度差时，无法保证负极完全包裹正极或者隔膜完全隔离正负极极片，会引起电池安全问题。

（3）材料热损伤、涂层脱落等会造成材料失去活性、无法发挥作用。

（4）切边不平整度会引起极片充放电过程的不均匀性。

因此，极片裁切工艺需要避免这些问题的出现，提高工艺品质。

❋ 一、圆盘剪分切

圆盘分切指将上、下圆盘刀装在分切机的刀轴上，利用滚剪原理来分切厚度为 0.01 ~ 0.1 mm 成卷的正负极极片。

如图 8 - 2 所示，这是一对普通圆盘切刀对板材进行分切加工时的示意图。首先，当板材与上下刀片的 A、B 点接触时，板料就会受到上下刀面的压力而产生弹性变形，并且由于力矩的存在，使板材产生弯曲，在间隙附近的材料内部产生以剪应力为主的应力。当刀刃点 A、B 旋转到 C、D 位置且内应力状态满足塑性条件时，产生塑性变形。随着剪切过程的继续进行，板材受到的剪切力越来越大，进入到剪切屈服状态，剪切变形区开始产生宏观的滑移变形，上下圆刀剪切刃开始切入材料，这时刃口附近的材料产生塑性变形（如图 8 - 2（b）进料方向观测），剪切塑性滑移形成，断面光亮。随着刀盘的继续转动，材料的塑性变形程度加剧，材料会出现加工硬化，其应力状态也会发生改变，导致材料的内部出现微裂纹，随着变形的继续进行，这些微裂纹汇成主裂纹，主裂纹逐渐扩展进而分离，导致断面形成撕裂区。

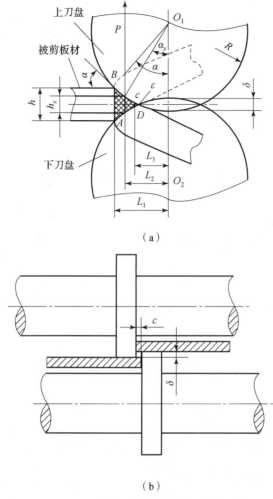

（a）

（b）

图 8 - 2　圆盘分切加工过程示意图

（a）轴向方向；（b）进料方向

1. 与金属板材分切加工比较，锂电池极片圆盘剪的裁切方式具有完全不同的特点

（1）极片分切时，上下圆盘刀具有后角，类似于剪刀刀刃，刃口宽度特别小。上下圆盘刀不存在水平间隙（如图 8 - 2（b）中所示参数 c 相当于负值），而是上下刀相互接触产生侧向压力。

（2）板料分切时上下基本上都有橡胶托辊，用于平衡上下刀在剪切时产生的剪力和剪切力矩，避免板料的大幅变形，而极片分切没有上下托辊。

项目二　电芯前段

（3）极片涂层是由颗粒组成的复合材料，几乎没有塑性变形能力，当上下圆盘刀产生的内应力大于涂层颗粒之间的结合力时，涂层产生裂缝并扩展分离。

2. 极片分切质量影响因素

影响毛刺的大小、断面形貌特征及极片尺寸精度的因素有很多，根据现有的理论，可以总结为：材料的物理力学性能、极片厚度、上下成对刀具的侧向压力（如图 8 - 2（b）中的参数 c）、上下成对刀具的重叠量（如图 8 - 2 中的参数 δ）、刃口磨损状态、咬入角（如图 8 - 2（a）中的参数 α）、圆盘刀精度等。

（1）材料物理力学性能的影响。通常，材料的塑性好，剪切时裂纹会出现得较迟，材料被剪切的深度较大，所得断面光亮带所占的比例就大；而塑性差的材料，在同样的参数条件下，则容易发生断裂，断面的撕裂带所占的比例就会偏大，光亮带自然也较小。

（2）上下成对刀具侧向压力的影响。在极片的分切中，刀具侧向压力是影响分切质量的关键因素之一。剪切时，断裂面上下裂纹是否重合、剪切力的应力应变状态都与侧向压力的大小密切相关。侧向压力太小时，极片分切可能出现分切断面不齐整、掉料等缺陷；而压力太大，刀具更容易磨损，寿命更短。

（3）上下成对刀具的重叠量的影响。重叠量的设置主要与极片的厚度有关，合理的重叠量有利于刀具的咬合，其影响包括剪切质量的优劣、毛刺的大小和刀具刃口磨损快慢等。

（4）咬入角的影响。圆盘分切中，咬入角是指剪切段和被剪板材中心线的夹角。咬入角增加，剪切力所产生的水平分力也会增大。如果水平分力大于极片的进料张力，板材要么打滑，要么在圆刀前拱起来而无法剪切。而咬入角减小，刀片的直径就要增大，分条机的尺寸相应的也要增大。因此如何平衡咬入角、刀片直径、板料厚度以及重叠量，必须参考实际工况而定。

在极片分切工艺中，刀具的侧向压力和重叠量是圆盘切刀部的主要调整参数，需要根据极片的性质和厚度详细调整。以往的设备制造和工艺中，调刀往往缺少精确参数，而是凭借经验根据极片批次进行相应的调节。随着设备技术的进步，调刀技术也不断进步，并且数值化。目前出现了极片分切机刀具侧向压力气缸自动调节装置，极片分切时可通过设定气缸压力来调节刀具侧向压力，进而控制分切质量。

✲ 二、模具冲切

锂离子电池极片的模切工艺分为 2 种。

（1）木板刀模冲切。锋利的刀刃安装在木板上，在一定压力作用下用刀刃切开极片。这种工艺的模具简单、成本低，但是冲切品质不易控制，目前已逐步被淘汰。

（2）五金模具冲切。利用冲头和下刀模极小的间隙对极片进行裁切，如图 8 - 3 所示。涂层颗粒通过黏结剂连接在一起，在冲切工艺过程中，在应力作用下，涂层颗粒之间剥离，金属箔材发生塑性应变，达到断裂强度之后产生裂纹，裂纹扩展分离，金属箔材断裂分离。金属材料冲切件的断面分为 4 个部分：塌角、剪切带、断裂带和毛刺。断面的剪切带越宽，塌角及毛刺高度越小，冲切件的断面质量也就越高。

✲ 三、激光切割

圆盘分切和模切都存在刀具磨损问题，这容易引起工艺不稳定，导致极片裁

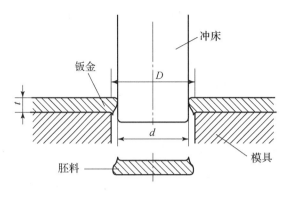

图 8 – 3　五金模具冲切原理示意图

切品质差，引起电池性能下降。激光切割具有生产效率高、工艺稳定性好的特点，已经在工业上应用于锂离子电池极片的裁切，其基本原理是利用高功率密度激光束照射被切割的电池极片，使极片很快被加热至很高的温度，迅速熔化、气化、烧蚀或达到燃点而形成孔洞，随着光束在极片上的移动，孔洞连续形成宽度很窄的切缝，完成对极片的切割。其中，激光能量和切割移动速度是两个主要的工艺参数，对切割质量影响巨大。

　　锂离子电池制片工艺对电池一致性有着非常重要的影响，必须尽可能保证搅拌、涂布和辊压的均一性。当然锂离子电池的一致性是相对的，不一致性是绝对的，但可以通过进一步提高工艺参数的精确性来提高单体电池的一致性，因此提高工艺装备技术水平是目前工作的重点方向，同时要避免人为因素造成的不一致。锂离子电池一致性的提高是一个系统工程，不仅仅只是生产工艺的提高，还需要电池设计者、管理系统的研究者以及电池组的使用者共同协作，促进我国锂离子电池行业的发展。

　　激光极耳成型一般采用卷对卷连续切割，其主要工艺流程为：放卷→张力控制→纠偏控制→激光切割→二次除尘→质量检测→收卷。其中影响激光极耳成型质量和效率的主要因素有：放卷速度、张力和纠偏控制精度，切割工位设计，切割控制系统及切割工艺参数。

放卷速度、张力和纠偏控制精度要求能实现稳定的放卷速度、张力、极片宽度、方向和位置的控制。精确稳定的放卷速度、张力和纠偏控制是实现高质量、高速度极耳成型的基础；切割工位设计要求能对切割区域附近的极片和废料边提供良好的支撑和控制，避免切割位置极片抖动导致离焦，并能对切割产生的废料和粉尘进行及时有效的收集去除；切割控制系统需要根据极片走带长度和速度精确控制振镜扫描轨迹以确保正确的极耳形状和尺寸，并能实时同步控制激光功率频率等工艺参数以保证切割质量；切割工艺参数要求根据极片材料、极耳规格和切割速度选择合适的激光光学系统、激光参数及扫描轨迹。

切割工位设计、切割控制系统、切割工艺参数三者之间紧密联系、相互影响，需要通过综合优化来控制毛刺、粉尘和热影响区等加工缺陷，实现系统最大效能。

四、极片分切的主要缺陷

极片断裂面涂层主要颗粒之间容易相互剥离断裂，而集流体容易发生塑性切断和撕裂。当极片涂层压实密度增大，颗粒之间的结合力增强时，极片涂层部分颗粒也出现被切断的情况。极片分切中存在的主要缺陷包括以下4种。

1. 毛刺

毛刺，特别是金属毛刺对锂电池的危害巨大，尺寸较大的金属毛刺直接刺穿隔膜，导致正负极之间短路。而极片分切工艺是锂离子电池制造工艺中毛刺产生的主要过程。

为了避免这种情况出现，调刀时根据极片的性质和厚度，找到最合适的侧向压力和刀具重叠量是最关键的。另外，还可以通过切刀倒角，收放卷张力来改善极片边缘品质。

2. 波浪边

极片分切时存在掉料和波浪边缺陷。出现波浪边时，极片分切和卷绕时会出现边缘纠偏抖动，从而导致工艺精度差，另外对电池最终的厚度和形貌也会出现不良影响。

3. 掉粉

极片出现掉粉会影响电池性能，正极掉粉时，电池容量减小，而负极掉粉时出现负极无法包裹住正极的情形，容易造成析锂。

毛刺、波浪边和掉粉问题主要通过寻找合适的调刀参数来解决。

4. 尺寸不满足要求

极片分切机是按电池规格，对经过辊压的电池极片进行分切，要求分切极片尺寸精度高等。卷绕电池设计时，隔膜要包裹住负极避免正负极极片之间直接接触形成短路，负极要包裹住正极避免充电时正极的锂离子没有负极活物质接纳出现析锂。一般负极和隔膜、负极和正极的尺寸差为 2~3 mm，而且随着比能量要求提高，这个尺寸差还会不断减小，因此，极片尺寸精度要求越来越高，否则电池会出现严重的品质问题。

项目三

电芯中段

学习任务九　卷绕工艺

随着全球新能源汽车动力电池、消费电子电池、储能电池的需求增长，使得锂离子电池产业迅速发展。目前业界应用最广泛的锂离子动力电池，其性能与工艺、制造设备密切相关。其电芯按照制作工艺可分为卷绕工艺和叠片工艺。如图 9-1 所示是锂离子电池叠片工艺和卷绕工艺的对比示意图。

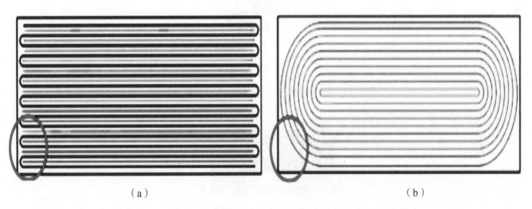

（a）　　　　　　　　　　　　　　　　（b）

图 9-1　锂离子电池叠片工艺和卷绕工艺的对比示意图

（a）锂离子电池叠片工艺电芯；（b）卷绕工艺电芯

◉ 一、叠片

叠片工艺是将正负极片裁成需求尺寸，随后将正极片、隔膜、负极片叠合成小电芯单体，然后将小电芯单体叠放并连成电池模组，如图9-2所示。

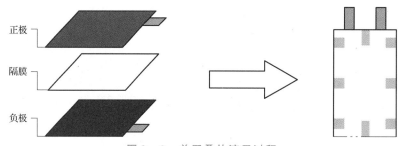

图9-2　单层叠片演示过程

叠片制造工艺主要分为2种，Z型叠片和复合叠片，Z型叠片作为传统工艺依然是目前的主流。叠片的方式如图9-3所示。

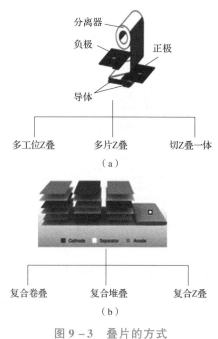

图9-3　叠片的方式

（a）Z型叠片；（b）复合叠片

1. Z 型叠片

叠片过程中，叠台往复运动带动隔膜的 Z 型折叠，同时，正负极片与隔膜之间相互独立，仅依靠隔膜张力的包覆形成电芯。

Z 型叠片的工艺流程从隔膜放卷开始，经过度辊、张力机构引入主叠片台，主叠片台带动隔膜往复运动，呈 Z 字型折叠的同时，机械手把裁切好的正负极片放置在隔膜上，叠放到设定的电芯层数后叠台停止动作，完成隔膜尾卷后，裁切隔膜，贴胶下料。

Z 型叠片机如图 9 - 4 所示。

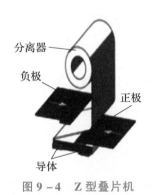

分离器

负极

正极

导体

图 9 - 4   Z 型叠片机

作为当前主流工艺，Z 型叠片的优点是技术相对成熟，工艺难度较低，缺点是在性能、效率和可靠性等方面存在问题。

（1）在 Z 型叠片工艺中，叠台带动隔膜往复运动，并且叠片完成后需要尾卷动作，导致电芯内部以及隔膜尾卷的褶皱不能完全避免。更重要的是，隔膜的摆动带来的交变力作用，会引起隔膜的不可逆形变和孔隙变形，孔隙变化将影响充放电过程的离子运动，进而影响电芯的一致性。

（2）Z 型叠片因其单工位效率低（0.012%，0.5 s/片），尾卷辅助时间长（5~10 s）等因素制约，目前采用多工位 Z 叠、多片 Z 叠和切 Z 叠一体的方式提升单机效率，但切片后多工位 Z 叠的视觉定位的误判率高达千分之一，且难以降低，这将导致电池对齐度不良的安全缺陷。

同时，多工位组合的方式增加了极片调度的复杂性，也会使工艺方案的可靠性降低。

（3）尾卷隔膜带来的材料浪费，多工位组合带来的设备空间成本提高等，在实际生产中都不可避免。

针对因单个电芯裁片次数多，导致颗粒增多，进而带来的产品合格率问题，Z型叠片会在裁切制片后，进行极片清洁，这在一定程度上降低了风险，但并没有从根本上杜绝问题，最后还需要在做成整个电芯之后进行短路测试来筛选出合格品。

2. 复合叠片

根据复合片堆叠方式的不同，复合叠片主要分 3 种：复合卷叠、复合堆叠和复合 Z 叠。复合叠片简图如图 9 - 5 所示。

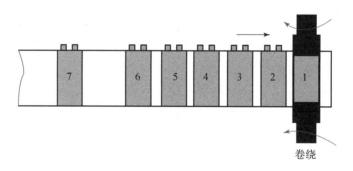

卷绕

图 9 - 5　复合叠片简图

（1）复合卷叠。

先将正负极卷料裁切成片，通过转台与升降吸盘分别贴在隔膜上，然后用卷绕的方式将正负极片分别包裹起来，实现两组正负极片相间叠放。

复合卷叠工序需要间隔放置极片，卷绕时张力波动很大，且隔膜不均匀拉伸，也不适合大电芯的制造。此外，受技术专利限制，目前复合卷叠工艺仅有 LG 化学在使用。

（2）复合堆叠。

负极片放卷，裁切成片后送入上下两层隔膜之间，由隔膜包覆后继续走带。同时，正极片放卷，裁切成片后分别送到由隔膜包覆的负极片的相对位置上，经辊压复合后，正负极与隔膜形成复合单元。切刀把两个复合片之间的隔膜裁断形成独立复合单元片，在叠台上叠成电芯。

复合堆叠由于每个复合单元之间的隔膜是切断的，粉尘异物容易进入到电芯内部，结构安全的风险高。

（3）复合Z叠。

前段流程与复合堆叠一致，不同之处在于裁切成片后，是从上下方交替送到由隔膜包覆的负极片的相对位置上，经辊压后正负极与隔膜形成复合单元。隔膜连续的复合单元在叠台上以Z字摆动的自由落体方式完成电芯堆叠，叠放至设定层数后完成隔膜裁切、电芯下料。相对于复合堆叠，复合Z叠在结构上大大降低了异物进入电芯的风险。

不同于Z型叠片，复合叠片在生产过程中叠台没有往复运动，正负极片与隔膜在进入叠台前已形成复合单元，且叠片完成后没有隔膜尾卷，避免了叠片过程的隔膜内部褶皱和尾卷的隔膜褶皱问题。

隔膜在整个叠片工艺中匀速走带，避免了隔膜张力的交变，复合叠片的视觉检测更加精准，接近零误判；并且复合工艺使正、负极片和隔膜贴合更好，界面保持效果更佳；通过复合单元短路检测，可以剔除极片和隔膜之间存在的缺陷，后续电芯的微短路率能够得到有效控制，这也解决了颗粒带来的产品合格率问题。

3. 叠片设备

在过去，叠片工艺（主要是Z型叠片）的主要痛点表现在叠片效率低、精度控制难度大、叠片成本高等。数据显示，Z型叠片的普遍效率为 0.45~0.8 s/片，相比卷绕工艺（片宽 150 mm，叠片效率为 0.1 s/片），两者的效率相差 0.3~0.7 s/片。

随着复合叠片工艺在生产效率、精度控制和成本等方面的持续提升，叠片短板已得到极大改善。以复合Z叠为例，目前整机效率可达 0.125 s/片（0.048%），已经非常接近 0.1 s/片的卷绕工艺效率，且已成功导入批量生产。

吉阳复合叠片技术如图 9-6 所示。

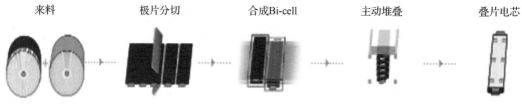

来料　　　　　　极片分切　　　　　合成Bi-cell　　　　主动堆叠　　　　　叠片电芯

图 9-6　吉阳复合叠片技术

相比Z型叠片，复合叠片设备在保持精度控制要求的同时，实现了生产效率的成倍提升，已可满足现阶段规模化生产的需求。另外，复合Z叠技术路线的理论效率为 0.1% 以上，仍具备较大的提升空间。

❀ 二、卷绕

卷绕工艺是通过固定卷针的卷绕，将分条后的正极极片、隔膜、负极极片按照顺序卷绕挤压成圆柱形、椭圆柱形或方形，再放到方壳或圆柱的金属外壳中，极片的大小、卷绕的圈数等参数根据电池设计容量来进行确定。

通过卷针的转动，把激光切好后的极片卷成一个层层包裹的卷芯状，正常包裹方式为隔膜、正极、隔膜、负极，涂胶隔膜面对着正极。

一般卷针为棱形、椭圆形、圆形卷针，从理论上讲，卷针越圆，卷芯贴合得越好，但圆形的卷针使得极耳翻折比较严重。在此主要考虑极耳对齐度、跑偏、断带。跑偏主要是由极片的波浪边和卷针的水平度差导致，可通过前工序的修正和设备的校正改善。卷绕过程中有 CCD 进行检测纠偏，检测正负极间距、正负极与隔膜间距。卷绕过后一般对应的是贴码和热压，可烘烤后再热压，以增强压实效果。

1. 卷绕机理说明

（1）预卷绕。

正负极片初始送极片过程。该过程中送极片机构夹持正负极片以一定的速度将其送入卷针，需要控制卷针的旋转角和速度与送极片机构相匹配。该过程涉及 2 个同步：隔膜的放卷速度与卷针速度的同步，送极片速度与卷针的速度同步。

预卷绕中的控制问题属于开环控制问题，卷针、隔膜和极片两两之间是否真正的同步没法准确测量，这就要求我们建立准确的卷绕控制模型，尤其是对于尺寸较大的电池的卷绕要求更高。卷绕中料带张力，可以在控制中采用闭环反馈控制技术。

（2）卷绕过程。

在完成了正负极片初始送极片过程后，正负极片被隔膜裹紧，并绕卷针缠绕，后续转动卷针即可实现连续卷绕。该过程中通过检测料卷的张力大小调整极片放料电机的放料速度，来保证卷绕过程中料卷的恒定张力。

另外，在卷绕过程中，我们实际控制的是卷绕电机转动的速度，而实际速度与各料卷及卷针卷绕实际半径有关，而该半径是动态变化的。目前，在没有实际传感器测量的情况下，我们假设料卷一次上料后卷芯逐步增大，中间半径的变化规律完全符合阿基米德螺旋线定律。初始卷料半径通过程序预先设定。

（3）卷绕过程动态控制模型。

由于预卷绕过程属于开环控制，准确的数学模型是卷绕控制系统成败的关键。

尤其是当极片的线速度大于 1 m/s 时，准确的卷绕模型是控制卷绕张力的稳定和卷绕质量的关键。

（4）电芯高质卷绕。

电芯高质量卷绕的核心问题是卷绕电芯的隔膜、极片贴合均匀，表现为没有间隙，而且电池使用过程中隔膜和极片相互间在各个方向保持接触应力均匀一致。

这对卷绕机提出了两个方面的要求。

①卷芯抽卷针后依然保持贴合应力的一致，这样对卷针轮廓形状的设计非常重要，尤其是方形卷绕电池，要保证卷绕抽针后极片和隔膜的贴合应力均匀，卷绕轮廓曲线必须是一阶导数连续的封闭曲线，判断原则是曲线不断，平滑无尖角。

②隔膜、极片进入卷针时，在卷针切线的母线方向，张力是一致的，这要求隔膜极片的纠偏幅度不应该太大，应该保证在隔膜、极片弹性范围内的一个限值。

（5）方形卷绕电芯的间隙问题。

即使方形电芯的卷针曲线是一阶导数连续的封闭曲线，压扁后极片、隔膜没有间隙，但在电池的充放电过程中，因为极片膨胀和收缩程度的不一致，会导致极片间的间隙随着充电循环逐步变大，当此处的电解液不富余时，锂离子不能实现转移，将影响容量的发挥，长时间的使用会带来析锂安全问题。并且，随着能量密度的提升，负极逐步导入硅负极体系，由于硅负极极片膨胀，卷绕方式的极组容易出现内圈极片断裂，影响电池使用寿命，限制了硅材料添加量。建议采取的办法是注液时适当增加电解液。

2. 卷绕的特点

依据卷绕机的自动化程度可以划分为手工、半自动、全自动和一体机等类型。按照制作的芯包大小可以划分为小型、中型、大型、超大型等。

3. 卷绕卷芯的特点

（1）极片、隔膜连续一体，制造效率高。

（2）卷绕只有两条边，边缘少，极片完整，便于控制毛刺。

（3）生产控制简单，操作容易，控制难度低。

（4）不宜卷太厚，否则层间互相影响，容易变形。

（5）极片柔性要求高。

（6）极片横向张力不一致，内部可能产生间隙，贴合应力难以均匀。

（7）极片膨胀带来间隙问题，难以实现高质量。

4. 叠片工艺优势

（1）容量密度高：锂电池内部空间利用充分，因而与卷绕工艺相比，体积比容量更高。

（2）能量密度高：放电平台和体积比容量都高于卷绕工艺锂电池，所以能量密度也相应较高。

（3）尺寸灵活：可根据锂电池尺寸来设计每个极片尺寸，因此锂电池可以做成任意形状。

5. 卷绕工艺优势

（1）点焊容易：每个锂电池只需要点焊两处，容易控制。

（2）生产控制相对简单：一个锂电池两个极片，便于控制。

（3）分切方便：每个电芯只需要进行正负极各一次分切，难度小且产生不良品概率低。

6. 叠片工艺劣势

（1）容易虚焊：多层正极或负极极耳要焊接到一起，难以操作，容易造成虚焊。

（2）设备效率低：目前国内叠片机效率多在 0.8 s/片的速率，与进口叠片机 0.17 s/片的效率差距较大。

7. 卷绕工艺劣势

（1）内阻高、极化大：一部分电压被消耗于电池内部极化，正负极只有单一极耳，充放电倍率性能差。

（2）散热效果差：电芯之间热隔离措施不易操作，处理不当容易导致局部过热，从而造成热失控蔓延。

（3）电池厚度难以控制：由于电芯内部结构不均一，极耳处、隔膜收尾处、电芯的两边容易厚度不均。不过全极耳卷绕电池内阻小，完美解决了高能量密度电芯的发热问题，这种新技术还有些工艺难点没有攻破，正在逐步改良、推广中。

对于消费类电池而言，相比于电池容量、性能，厂商更注重效率的提升，因此卷绕工艺有大量需求；但对于动力电池而言，未来大模组、大电芯是趋势，叠片工艺能更好地发挥大型电芯优势，其在安全性、能量密度、工艺控制等方面均比卷绕工艺占据优势。

但是，无论是哪种工艺，都离不开品质和安全性的要求。作为制造业中的"智慧之眼"，昂视视觉检测整体解决方案不断深入涂布、辊压、分条、模切、卷绕、叠片等生产应用场景，以更好地助力锂电企业提升生产效率、提高电芯成品良率、降低生产成本，实现"智造"的加速跑。

学习任务十　焊接工艺

动力锂电池的焊接工艺关系到锂电池的接触电阻，应用比较多的几种工艺分别为：激光焊接、超声焊接和电阻焊接。

一、激光焊接

1. 激光焊接原理

激光焊接是利用激光束优异的方向性和高功率密度等特性进行工作，通过光学系统将激光束聚焦在很小的区域内，在极短的时间内使被焊处形成一个能量高度集中的热源区，从而使被焊物熔化并形成牢固的焊点和焊缝。激光焊接原理如图 10 - 1 所示。

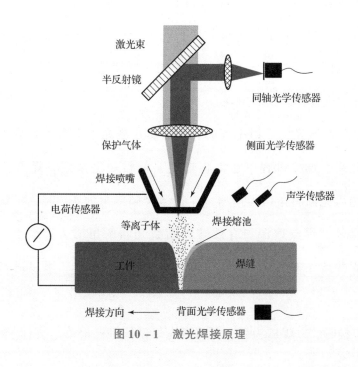

图 10 - 1　激光焊接原理

2. 激光焊接类型

（1）热传导焊接和深熔焊。

激光功率密度为 105～106 W/cm² 形成激光热传导焊，激光功率密度为 106～108 W/cm² 形成激光深熔焊。

（2）穿透焊和缝焊。

穿透焊，连接片无须冲孔，加工相对简单。穿透焊需要功率较大的激光焊机。穿透焊的熔深比缝焊的熔深要低，可靠性相对差点。

缝焊相比穿透焊，只需较小功率的激光焊机。缝焊的熔深比穿透焊的熔深要高，可靠性相对较好。但连接片需冲孔，加工相对困难。

（3）脉冲模式焊接和持续模式焊接。

①脉冲模式焊接。

激光焊接时应选择合适的焊接波形，常用脉冲波形有方波、尖峰波、双峰波等，铝合金表面对光的反射率太高，当高强度激光束射至材料表面时，金属表面将会有 60%～98% 的激光能量因反射而损失掉，且反射率随表面温度变化。一般焊接铝合金时最优选择尖峰波和双峰波，此种焊接波形后面缓降部分脉宽较长，能够有效地减少气孔和裂纹的出现。

由于铝合金对激光的反射率较高，为了防止激光束垂直入射造成垂直反射而损害激光聚焦镜，焊接过程中通常将焊接头偏转一定角度。焊点直径和有效结合面的直径随激光倾斜角增大而增大，当激光倾斜角为 40° 时，将获得最大的焊点及有效结合面。焊点熔深和有效熔深随激光倾斜角增大而减小，当大于 60° 时，其有效焊接熔深降为 0。所以倾斜焊接头到一定角度，可以适当新增焊缝熔深和熔宽。

另外在焊接时，以焊缝为界，需将激光焊斑偏盖板 65%、壳体 35% 进行焊接，可以有效减少因合盖问题导致的炸火。

②持续模式焊接。

持续激光器焊接由于其受热过程不像脉冲机器骤冷骤热，焊接时裂纹倾向不是很明显，为了改善焊缝质量，采用持续激光器焊接，焊缝表面平滑均匀、无飞溅、无缺陷，焊缝内部未发现裂纹。在铝合金的焊接方面，持续激光器的优势很明显，与传统的焊接方法相比，其生产效率高，且无须填丝；与脉冲激光焊相比可以解决其在焊后出现的缺陷，如裂纹、气孔、飞溅等，保证铝合金在焊后有良好的机械性能；焊后不会凹陷，焊后抛光打磨量减少，节约了生产成本，但是因为持续激光器的光斑比较小，所以对工件的装配精度要求较高。

在动力锂电池焊接当中，焊接工艺技术人员会根据客户的电池材料、形状、厚度、拉力要求等选择合适的激光器和焊接工艺参数，包括焊接速度、波形、峰值、焊头倾斜角度等来设置合理的焊接工艺参数，以保证最终的焊接效果满足动力锂电池厂家的要求。

3. 激光焊接优点

能量集中、焊接效率高、加工精度高、焊缝深宽比大。激光束易于聚焦、对准，受光学仪器所导引，可放置在距离工件适当的位置，可在工件周围的夹具或障碍间再导引，其他焊接法则因受到上述的空间限制而无法发挥。

激光焊接的热输入量小、热影响区小、工件残余应力和变形小、焊接能量可精确控制、焊接效果稳定、焊接外观好。

非接触式焊接通过光纤传输，可达性较好，自动化程度高。焊接薄材或细径线材时，不会像电弧焊接般容易有回熔的困扰。用于动力锂电池的电芯由于遵循轻便的原则，除了会采用较轻的铝材质外，还要做得更薄，一般壳、盖、底基本都要求达到 1.0 mm 以下，主流厂家目前基本材料厚度均在 0.8 mm 左右。

激光焊接能为各种材料组合供应高强度焊接，尤其是在进行铜材料之间和铝材料之间焊接的时候更为有效，这也是唯一可以将电镀镍焊接至铜材料上的技术。

4. 激光焊接工艺难点

目前，铝合金材料的电池壳占整个动力锂电池的90%以上。其焊接的难点在于铝合金对激光的反射率极高，焊接过程中气孔敏感性高，焊接时不可避免地会出现一些问题缺陷，其中最主要的是气孔、热裂纹和炸火。

（1）铝合金的激光焊接过程中容易出现气孔，主要有2类：氢气孔和气泡破灭出现的气孔。由于激光焊接的冷却速度太快，氢气孔问题更加严重，并且在激光焊接中还多了一类由于小孔的塌陷而出现的孔洞。

（2）热裂纹问题。铝合金属于典型的共晶型合金，焊接时容易出现热裂纹，包括焊缝结晶裂纹和HAZ液化裂纹，由于焊缝区成分偏析会发生共晶偏析而出现晶界熔化，在应力用途下会在晶界处形成液化裂纹，降低焊接接头的性能。

（3）炸火（也称飞溅）问题。引起炸火的因素很多，如材料的清洁度、材料本身的纯度、材料自身的特性等，而激光焊接工艺起决定性用途的是激光器的稳定性。如果壳体表面产生凸起、气孔，内部产生气泡，究其原因，主要是由于光纤芯径过小或者激光能量设置过高所致。并不是一些激光设备供应商宣传的光束质量越好，焊接效果越优秀，好的光束质量适合于熔深较大的叠加焊接。寻找合适的工艺参数才是解决问题的制胜法宝。

5. 其他难点

软包极耳焊接，对焊接工装要求较高，必须将极耳压牢，保证焊接间隙。软包极耳焊接可实现S形、螺旋形等复杂轨迹的高速焊接，增大焊缝结合面积的同时需加强焊接强度。

圆柱电芯的焊接主要用于正极的焊接，由于负极部位壳体薄，极容易焊穿。

如目前一些厂家负极采用的免焊接工艺，正极采用的为激光焊接。

方形电池组合焊接时，极柱或连接片受污染厚，焊接连接片时，污染物分解，易形成焊接炸点，造成孔洞；极柱较薄，下有塑料或陶瓷结构件的电池，容易被焊穿。极柱较小时，也容易焊偏致使塑料烧损，形成爆点。不要使用多层连接片，因其层之间有孔隙，不易焊牢。

方形电池的焊接工艺最重要的工序是壳盖的封装，根据位置的不同分为顶盖和底盖的焊接。有些电池厂家由于生产的电池体积不大，采用了拉深工艺制造电池壳，只需进行顶盖的焊接。

方形电池焊接方式主要分为侧焊和顶焊，其中侧焊的好处是对电芯内部的影响较小，飞溅物不会轻易进入壳盖内侧。由于焊接后可能会导致凸起，这对后续工艺的装配会有些微影响，因此侧焊工艺对激光器的稳定性、材料的洁净度等要求极高。而顶焊工艺由于焊接在一个面上，对焊接设备集成要求比较低，量产化简单，但是也有两个不利的地方，一是焊接可能会有少许飞溅进入电芯内，二是壳体前段加工要求高会导致成本问题。

6. 焊接质量影响因素

激光焊接是目前高端电池焊接推崇的重要方法。激光焊接是用高能束激光照射工件，使工作温度急剧升高，工件熔化并重新连接形成永久连接的过程。激光焊接的剪切强度和抗撕裂强度都比较好。导电性、强度、气密性、金属疲劳和耐腐蚀性能是电池焊接质量的评价标准。

影响激光焊接质量的因素很多，其中一些极易波动，具有相当的不稳定性。要正确设定和控制这些参数，使其在高速持续的激光焊接过程中控制在合适的范围内，以保证焊接质量。焊缝成形的可靠性和稳定性，关系到激光焊接技术的实用化和产业化。影响激光焊接质量的重要因素有焊接设备、工件状况和焊接参数3

方面。

（1）焊接设备。

对激光器的质量要求最重要的是光束模式和输出功率及其稳定性。光束模式是光束质量的重要指标，光束模式阶数越低，光束聚焦性能越好，光斑越小，相同激光功率下功率密度越高，焊缝深宽越大。一般要求基模（TEM00）或低阶模，否则难以满足高质量激光焊接的要求。目前国产激光器在光束质量和功率输出稳定性方面用于激光焊接还有一定困难。从国外情况来看，激光器的光束质量和输出功率稳定性已相当高，不会成为激光焊接的阻碍。光学系统中影响焊接质量最大的因素是聚焦镜，所用焦距一般在 127 mm（5 in[①]）到 200 mm（7.9 in），焦距小对减小聚焦光束腰斑直径有好处，但过小容易在焊接过程中受污染和飞溅损伤。

波长越短，吸收率越高。一般导电性好的材料，反射率都很高，对于 YAG 激光，银的反射率是 96%，铝是 92%，铜是 90%，铁是 60%。温度越高，吸收率越高，呈线性关系。一般表面涂磷酸盐、炭黑、石墨等可以提高吸收率。

（2）工件状况。

激光焊接要求对工件的边缘进行加工、装配时有很高的精度要求，光斑与焊缝要严格对中，而且工件原始装配精度和光斑对中情况在焊接过程中不能因焊接热变形而变化，这是因为激光光斑小、焊缝窄，一般不加填充金属。如装配不严间隙过大，光束能穿过间隙不能熔化母材，或者引起明显的咬边、凹陷，如光斑对缝的偏差稍大就有可能造成未熔合或未焊透。所以，一般板材对接装配间隙和光斑对缝偏差均不应大于 0.1 mm，错边不应大于 0.2 mm。实际生产中，有时因不能满足这些要求，而无法采用激光焊接技术。要获得良好的焊接效果，对接允许间隙和搭接间隙要控制在薄板厚的 10% 以内。

----

① 1 in = 25.4 mm。

成功的激光焊接要求被焊基材之间紧密接触。这就需要仔细紧固零件，以取得最佳效果。而这些在纤薄的极耳基材上很难做好，因为它容易弯曲失准，特别是在极耳嵌入大型电池模块或组件的情况下。

（3）焊接参数。

①对激光焊接模式和焊缝成形稳定件的影响。焊接参数中最重要的是激光光斑的功率密度，它对焊接模式和焊缝成形稳定性影响如下：随激光光斑功率密度由小变大依次为稳定热导焊、模式不稳定焊和稳定深熔焊。

激光光斑的功率密度，在光束模式和聚焦镜焦距一定的情况下，主要由激光功率和光束焦点位置决定。激光功率密度与激光功率成正比，而焦点位置的影响则存在一个最佳值；当光束焦点处于工件表面下某一位置（1~2 mm 范围内，依板厚和参数而异）时，即可获得最理想的焊缝。偏离这个最佳焦点位置，工件表面光斑即变大，会引起功率密度变小，到一定范围时，就会引起焊接过程形式的变化。

焊接速度对焊接过程形式和稳定件的影响不如激光功率和焦点位置那样显著，只有焊接速度太大时，才会由于热输入过小而出现无法维持稳定深熔焊过程的情况。实际焊接时，应根据焊件对熔深的要求选择稳定深熔焊或稳定热导焊，而要绝对防止模式不稳定焊。

②在深熔焊范围内，焊接参数对熔深的影响。在稳定深熔焊范围内，激光功率越高，熔深越大，约为 0.7 次方的关系；而焊接速度越快，熔深越浅。在一定激光功率和焊接速度条件下，焦点处于最佳位置时熔深最大，偏离这个位置，熔深则下降，甚至变为模式不稳定焊接或稳定热导焊。

③保护气体的影响。保护气体的重要用途是保护工件在焊接过程中免受氧化，保护聚焦透镜免受金属蒸汽污染和液体熔滴的溅射，驱散高功率激光焊接出现的

等离子，冷却工件，减小热影响区。

保护气体通常采用氩气或氦气，表观质量要求不高的也可采用氮气。它们出现等离子体的倾向显著不同：氦气因其电离电体高，导热快，在同样条件下，比氩气出现等离子体的倾向小，因而可获得更大的熔深。在一定范围内，随着保护气体流量的增加，抑制等离子体的倾向增大，因而熔深增加，但增至一定范围即趋于平稳。

④各参数的可监控性分析。在四种焊接参数中，焊接速度和保护气体流量属于容易监控和保持稳定的参数，而激光功率和焦点位置则是焊接过程中可能发生波动而难以监控的参数。虽然从激光器输出的激光功率稳定性很高且容易监控，但由于有导光和聚焦系统的损耗，到达工件的激光功率会发生变化，而这种损耗与光学工件的质量、使用时间及表面污染情况有关，故不易监测，因此激光功率成为焊接质量的不确定因素。光束焦点位置是焊接参数中对焊接质量影响极大而又最难监测和控制的一个因素。目前在生产中需靠人工调节和反复工艺试验的方法确定合适的焦点位置，以获得理想的熔深。但在焊接过程中由于工件变形，热透镜效应或者空间曲线的多维焊接，焦点位置会发生变化并可能超出允许的范围。

关于上述2种情况，一方面要采用高质量、高稳定性的光学元件，并经常维护，防止污染，保持清洁；另一方面要求进行激光焊接过程实时监测与控制，以优化参数，监视到达工件的激光功率和焦点位置的变化，实现闭环控制，提高激光焊接质量的可靠件和稳定性。

最后，要注意激光焊接是一个熔化过程。这意味着两个基底在激光焊接过程中会熔化，这一过程很快，因此整个热输入较低，但因为这是一个熔化过程，在焊接不同材料的时候就可能形成易碎的高电阻金属间化合物。如铝-铜组合特别容易形成金属间化合物。这些化合物已被证明对微电子设备搭接头的短时间电气性能和长期机械性能有负面影响，而这些化合物对锂离子电池长期性能的影响尚不确定。

❀ 二、超声焊接

1. 超声焊接原理

超声焊接是利用超声频率（超过 16 kHz）的机械振动能量，连接同种金属或异种金属的一种特殊方法。金属在进行超声焊接时，既不向工件输送电流，也不向工件施以高温热源，只是在静压力之下，将振动能量转变为工件间的摩擦功、形变能及有限的温升，接头间的冶金结合是母材不发生熔化的情况下实现的一种固态焊接，因此它有效地克服了电阻焊接时所产生的飞溅和氧化等现象，超声金属焊机能对铜、银、铝、镍等有色金属的细丝或薄片材料进行单点焊接、多点焊接和短条状焊接。超声焊接局部图如图 10 - 2 所示。

图 10 - 2　超声焊接局部图

2. 超声焊接的优点

（1）焊接材料具有不熔融、不脆弱等金属特性。

（2）焊接后导电性好，电阻系数极低或近乎零。

（3）对焊接金属表面要求低，氧化或电镀均可焊接。

（4）焊接时间短，不需要任何助焊剂、气体、焊料。

（5）焊接无火花，环保安全。

3. 适用场景

（1）镍氢电池镍网与镍片互熔。

（2）锂电池、聚合物电池铜箔与镍片互熔，铝箔与铝片互熔。

（3）电线互熔，偏结成一条与多条互熔。

（4）电线与各种电子元件、接点、连接器互熔。

（5）各种家电用品、汽车用品的大型散热座、热交换鳍片、蜂巢心的互熔。

（6）电磁开关、无熔丝开关等大电流接点，异种金属片的互熔。

（7）金属管的封尾、气密。

✳ 三、电阻焊接

1. 电阻焊接原理

工件组合后通过电极施加压力，利用电流通过接头的接触面及邻近区域产生的电阻热进行焊接的方法。对导体间呈现的电阻称为接触电阻，主要有以下2种。

（1）集中电阻：电流通过实际接触面时，由于电流线收缩（或称集中）显示出来的电阻。

（2）膜层电阻：由于接触表面膜层及其他污染物所构成的膜层电阻。

电阻焊接如图10-3所示。

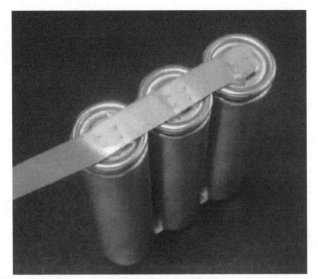

图 10 − 3 电阻焊接

2. 影响接触电阻的因素

（1）接触件材料。

（2）正压力。

（3）表面状态。

（4）使用电压。

（5）电流。

学习任务十一　烘烤工艺

烘烤在电芯制作中，起到举足轻重的作用，烘烤后的水含量，直接影响着电性能。烘烤工序属于中段装配后，注液封装前。电解液对水含量要求极高，一般控制在0.015%以内。

研究表明，水分对电池容量首效、循环性能、内阻、厚度都有重要的影响。适量的水分有助于以 $LiCO_3$ 为主的 SEI 膜的形成，致密性好、均一性好。当 SEI 膜完全覆盖负极片表面后，反应就停止。过量的水就会和电解液中的锂盐发生反应，消耗了锂离子。锂盐的消耗，减短了电池的放电时间，从而降低了容量的首效。

一、烘烤原理

烘烤过程一般采用真空烘烤方式，将腔体抽至负压，后加热到一定温度，进行保温烘烤。极片内部的水分，通过压力差或者浓度差扩散到物体表面，水分子在物体表面获得足够的动能，在克服分子间引力后，逃逸到真空室的低气压中。

电芯烘烤示意图如图 11 - 1 所示。

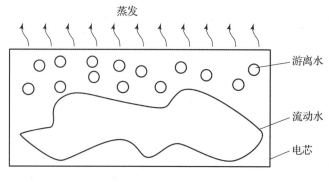

图 11 - 1　电芯烘烤示意图

1. 真空干燥主要经历 3 个过程

首先，物料通过热源吸收热量，升温并将内部的水分汽化；其次，物料内部水分以液态形式向表面移动，然后在表面汽化；最后，在物料表面汽化的水蒸气逐渐逃逸到真空腔室内，并通过真空室流向外界。

烘烤方式按加热方式有 2 种，热风循环式烘烤和接触式烘烤。热风循环式烘烤是通过加热单元将气体加热，然后通过循环系统对电池进行加热；接触式烘烤是加热单元直接对电池进行烘烤加热，相对于热风循环式烘烤具有温度均匀性好、烘烤周期短等特点。烘烤按烘箱结构可分为单体式烘箱和隧道炉式烘箱。

2. 烘烤工艺流程

在常压下加热一段时间，使物料整体升温到设定温度，同时物料中的湿分汽化；通过抽真空降低水的汽化温度，加速干燥；水分蒸发到一定程度后，通过充氮气破真空，排出湿气，保持干燥环境加热一定时间，再次抽真空，如此循环，直至干燥完成。烘烤流程如图 11 - 2 所示。

3. 烘烤工序工艺具体操作方法

（1）锂电池电芯烘烤前的准备工作。

①电芯烘烤前对所用烘烤箱内进行清洁，除去箱体内及烘烤夹的粉尘及异物，防止烘烤时粉尘进入电芯内部。

使用辅料：酒精、抹布。

电芯烘烤流程：准备工作，试运行，启动加温，烘烤，过程巡查，充放氮气，过程记录。

②打开烘烤总电源开关及真空阀门、压缩气阀门。

③烘烤开启后进入主操作界面，单击"手动操作"按钮，进入手动操作界面；显示层号及对应每层烘箱的选择按钮："加热""真空""充氮气"；单击"真空"

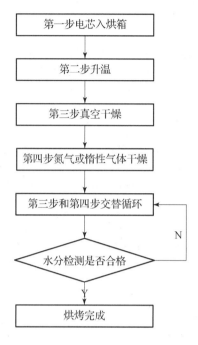

图 11 - 2　烘烤流程

按钮，先对烘箱进行试抽真空，当真空达到 - 90 kPa 时，再单击"充氮气"按钮，以检验设备抽真空及充氮气运行是否正常。若出现真空达不到要求及其他异常时，立即通知设备人员检修处理。

④烘烤确认合格后，进入手动操作界面；启动烘烤箱加热按钮，烘烤箱加温。

⑤电芯烘烤前需提前 2 小时以上对所用烘烤箱进行加温，以减少电芯放入烘烤箱后的加温时间。

（2）锂电池电芯烘烤过程中。

①电芯烘烤温度参数设置：温度为（85 ±5）°。

②电芯真空烘烤参数：真空度 ≤ - 90 kPa。

③电芯烘烤时间设置：24 ~ 48 h，烘烤时间根据电芯大小而定。

④电芯烘烤时氮气干燥设置：充放氮气时间为第 1 h、第 4 h、第 7 h；充氮气时间为 2 min 以上。

⑤小电芯（容量 20 A 以下）烘烤：将电芯放入适中的物料盒内，摆放整齐，气袋朝上，每箱数量为 20 个左右，且要求电芯扩口开。中大电芯（容量 20 A 以上）烘烤：中大型聚合物电芯烘烤时使用托盘及不锈钢板放置电芯，烘烤时电芯摆放整齐，每层数量为 8 个以内；电芯放置高度应低于烘烤箱内壁 30 mm，且电芯气袋内塞入 PET 卷，撑开气袋口。

⑥电芯放入后填写烘烤状态表，电芯烘烤过程中每 2 h 对烘烤箱的温度、真空度进行一次确认，并将巡查结果记录于烘烤记录表。

（3）电芯烘烤完成。

①电芯烘烤完成后关闭加热按钮，烘箱降温，电芯需继续真空保存。

②待电芯温度降至 35°以下时，经过干燥房转入手套箱进行加液。

（4）锂电池电芯烘烤品质控制要求。

①锂电池电芯烘烤过程中需控制好温度、真空度，烘烤时间需在文件要求范围内。

②锂电池电芯烘烤时严禁开启烘箱门。

③电芯烘烤箱必须是专用，烘烤时严禁放入液体类及其他物品与电芯烘烤。

（5）锂电池电芯烘烤注意事项。

①锂电池电芯烘烤过程中严禁断电。

②充氮气时确认氮气阀门已开启，且随时确认所使用氮气的压力，保证氮气充足。

③氮气瓶使用过程中需标示清楚氮气的使用状态。

学习任务十二　注液工艺

锂电池电解液的作用就是正负极之间导通离子，其作为充放电的介质，就如人体的血液。如何让电解液充分而均匀地浸润到锂电池内部，成为一个重要的课题。因此，注液工艺是非常重要的过程，直接影响电池的性能。

注液机经历了常压注液、负压注液、等压注液等几代的发展，工艺已经相对比较成熟。从发展历程来看，都是为了提高极片浸润速度，从而提高生产效率。负压注液是主流的注液方式，即使是现在流行的等压注液，也是利用差压先将电解液注入电芯，再利用高压等压原理做静置循环来增加电解液的浸润速度。

注液对电芯的性能影响比较大。如果电解液浸润不好，会造成电芯循环性能差、倍率性能差、充电析锂等现象。所以在注液之后，需要高温静置，使电解液充分浸润极片。

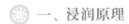

一、浸润原理

1. 图像探测

如图 12 - 1、图 12 - 2 所示，是采用超声波扫描不同时间段的极片，观察电解液浸润的动态效果图。图中绿色区域是浸润好的区域，蓝色区域是未浸润好的区域。本实验是对比常压注液和负压注液的电解液浸润速度对比分析，但是很可惜，实验者并没有对高压注液电解液的浸润效果作对比分析。

从图中可以看出，首先，两种注液方式中，常压注液电解液浸润所需时间为42 h，负压注液电解液浸润所需时间为34 h，负压注液时间更短，效率更高。其次，从动态图中可以看出，常压注液前 5 h，浸润速度都不是很明显，到了第 10 h 时，蓝色区域减少速度加快，说明了电解液从第 10 h 开始加速浸润。负压注液，前 3 h 浸润速度不是很明显，到第 5 h 时，浸润速度加快，说明了负压注液比常压注液浸润提速的时间提前了。最后，从图中可以看出，蓝色区域是向中心区域收缩，说明了电解液是先浸润极片四周，后向极片中心靠拢。

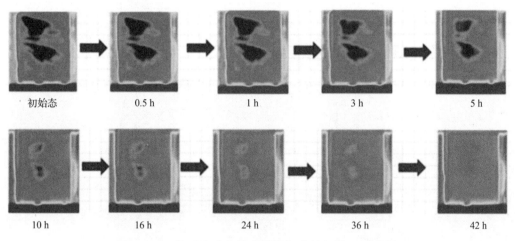

图 12 - 1　常压注液电解液浸润超声波扫描（附彩插）

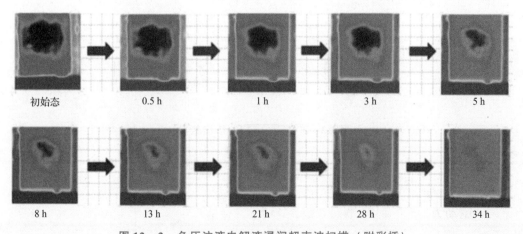

图 12 - 2　负压注液电解液浸润超声波扫描（附彩插）

2. 电芯结构差异

根据图 12-1 和图 12-2 的超声波扫描成像可知，装配在铝壳中的裸电芯，四周是有间隙的，电解液首先浸润极片的截面。

叠片电芯是由多片极片堆叠而成，卷绕电芯是单条极片缠绕卷针环形包覆而成，叠片电芯极片的横截面大于卷绕电芯横截面。横截面与浸润速度是成正比关系的。横截面越大，浸润速度越快，所以叠片电芯浸润速度会明显优于卷绕电芯浸润速度。

不同电芯的结构差异如图 12-3 所示。

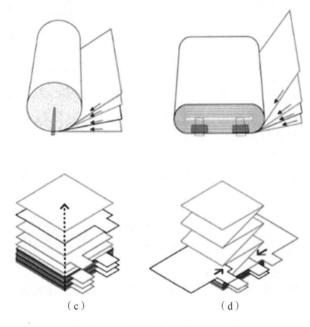

图 12-3　不同电芯的结构差异

（a）圆柱电池的圆柱卷绕；（b）方形铝壳电池的方形卷绕；（c）、（d）叠片电芯

3. 驱动力

极片、隔膜是多孔结构，电解液浸润是靠毛细力驱动的。浸润速度与颗粒间孔隙大小、颗粒内孔径大小以及颗粒内大小孔径占比有关。

研究表明，浸润速度符合如下关系，隔膜＞负极片＞正极片。电解液首先填充铝壳空隙，极片和隔膜的截面首先得到润湿。电解液最先润湿了隔膜，隔膜起到了通道作用，再通过湿润的隔膜润湿极片。就好比是农田灌溉一样，水库的水先抽到水渠，再通过水渠分支流向不同的田地。隔膜就好比是水渠，正负极片就好比是不同的田地，润湿的隔膜使电解液流向不同的极片，如图 12 - 4 所示。

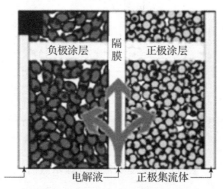

图 12 - 4　电解液在电芯浸润流向

二、注液原理

差压注液是先对电池抽真空，利用电芯内外压差来驱动电解液流入电芯内部。等压注液是先利用差压原理注液，之后再将注液后的电芯移至高压容器里，对容器抽负压/打正压做静置循环。

如图 12 - 5 所示为差压注液原理示意图，原理如下。

①抽负压：打开密封杆 C，关闭 A，B，对注液杯和电芯抽负压至 - 95 kPa。

②备液：打开注液口 B，关闭 A，C，往注液杯里备液。

③注液：打开密封杆 C，关闭 A，B，由于注液杯和电芯存在压差，驱动电解液流入电芯。

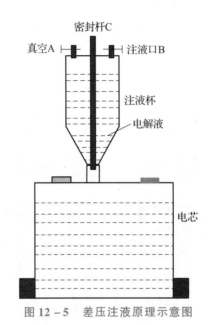

图 12－5　差压注液原理示意图

如图 12－6 所示为等压注液原理示意图，原理如下。

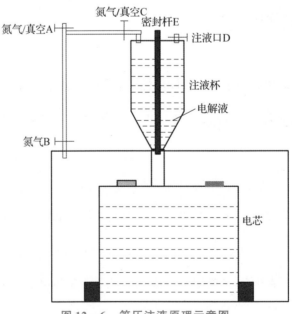

图 12－6　等压注液原理示意图

①抽真空：打开 A，C，E，关闭 B，D，对注液杯和电芯抽真空至 −95 kPa。

②备液：关闭 A，B，C，E，打开 D，对注液杯进行备液。

③注液：关闭 A，B，C，D，打开 E，由于电芯内部与注液杯存在压差，驱动电解液流入电芯内部。

④高/低压循环：待电芯注液完后，打开 A，B，C，E，关闭 D，从 A 打入高压氮气（压力 1.0 MPa，相当于 10 个大气压，露点 −40 ℃，纯度 99.999%），由于 A，B，C，E 都是打开的，此时腔体、注液杯和电芯内部是相互联通的。

⑤正压保压 20 s，泄压；再抽负压，循环 3~5 次。

✸ 三、注液工艺步骤

锂电池注液可分 2 步。

（1）将电解液注入电池内部。

（2）将注入的电解液吸收到电芯，这个过程非常耗时，极大地增加了锂离子电池的生产成本。

在商业电池组装的过程中，电解液通过定量泵注入密封腔室内，将电池放入注液室，然后真空泵对注液室抽真空，电池内部也形成了真空环境。然后注液嘴插入电池注液口，打开电解液注入阀，同时用氮气加压电解液腔室至 0.2~1.0 MPa，保压一定时间，注液室再放气到常压，最后长时间静置（12~36 h），从而使电解液与电池正负材料和隔膜充分浸润。当注液完成后，将电池密封，电解液理论上会从电池顶部渗入到隔膜和电极中，但实际上大量的电解液向下流动聚集在电池底部，再通过毛细压力渗透到隔膜和电极的孔隙中。真空−加压注液示意图如图 12−7 所示。

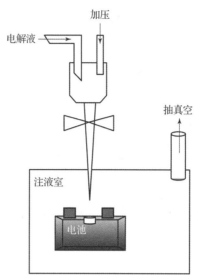

图 12 - 7　真空 - 加压注液示意图

通常，隔膜由多孔亲水材料组成，孔隙率一般比较大，而电极是由各种颗粒组成的多孔介质。普遍认为，电解液在隔膜中的渗透速度比在电极中更快，因此，电解液的流动过程应该是先渗透到隔膜，随后穿过隔膜渗透到电极中，如图 12 - 8 所示。

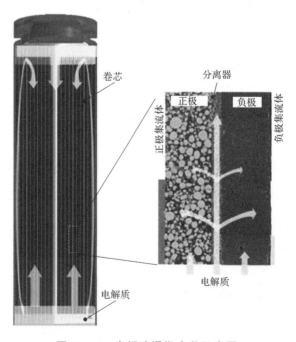

图 12 - 8　电解液浸润电芯示意图

四、工艺要求

（1）注液量：根据不同的电芯要求，注液系数会有差异，方形铝壳一般取 $4.5 \sim 5$ g/（A·h）。比如 100 A·h 方形铝壳电芯，注液量在 $450 \sim 500$ g。

$$m = K \times C_0$$

式中，m——注液量，单位 g；

　　　K——注液系数，值为 $4.5 \sim 5$，单位 g/（A·h）；

　　　C_0——单体电芯容量，单位 A·h。

（2）精度控制：注液量 < 200 g，公差 ± 1.5 g；注液量 $\geqslant 200$ g，公差 $< 0.6\%$。

五、品质管控

（1）环境要求露点 -40 ℃，温度（23 ± 3）℃。如果出现露点超标，可能是人员太多或者除湿机故障，也可能与潮湿天气有关，比如梅雨天气，环境湿度大，超出了除湿机的除湿能力。这时，可以临时增加独立除湿机柜，并控制干燥房人员数量。

（2）电芯臌胀要求单边不超过 ± 0.3 mm。

六、展望

1. 高压注液是否合理

现在也有一些锂电工厂提出，采用呼吸式静置循环，更为合理。呼吸式静置循环是通过抽真空、泄压至常压来做循环静置，并非是这种方式浸润速度更快，而是高压静置循环能耗太高，增加了单体电芯成本，且政府对高压容器是有管控的，企业审批流程也比较烦琐。

2. 注液口清洁方式选择

注液口清洁好坏，直接影响到密封钉焊接的优率。无纺布蘸 DMC 旋转擦拭机构虽然很普遍，但效果不是很好。而现在提出的干冰擦拭没有普及，也是因为有它的弊端，还需要持续探索，寻找更优的清洁方式。

学习任务十三　封装工艺

❋ 一、封装的概念

封装为电芯的电化学反应提供一个与外界隔绝的工作环境，提供与外界能源交换的通道。

❋ 二、封装的意义和目的

锂离子电池内部存在动态的电化学反应，其对水分、氧气较为敏感，电芯内部存在的有机溶剂如电解液等，遇水、氧气等会迅速与电解液中的锂盐反应生成大量的 HF，影响电芯电化学性能（如容量、循环寿命）。

锂离子电池封装的意义与目的在于使用高阻隔性的软包装材料将电芯内部与外部完全隔绝，使内部处于真空、无氧、无水的环境。

注液后真空封装的目的是把注液后的气袋封口，防止电解液漏出和水汽的进入。真空封装的要求只是密封，工艺控制主要是电芯定位和热封工艺（时间、温度、压力等）条件的优化。

❋ 三、封装原理

在一定的压力下，通过适当的温度将铝包装膜的内层粘合在一起。

1. 压力

确保封口处的两层铝塑膜的内层充分接触。

2. 温度

确保足够的热量将两层铝塑膜的内层融合在一起。

四、封装材料：铝塑膜

铝塑膜通常由 3 层组成，外层为尼龙层，中间层为铝层，内层为 PP 层。

1. 外层

外层一般为尼龙层，其作用一是保护中间层，减少划痕及脏物浸染，确保电池具有良好的外观；二是阻止空气尤其是氧气的渗透，维持电芯内部的环境；三是保证包装铝箔具备良好的形变能力。铝塑膜的外层有时候也会以 PET 代替尼龙以具有更好的耐化学腐蚀性能，但这会导致铝塑膜的冲坑深度降低。

2. 中间层

中间层具有一定的厚度和强度，可以防止水汽渗透及外部对电芯的损伤，最主流的是采用铝箔材。

3. 内层

主要起封装、绝缘、阻止 Al 层与电解质接触等作用，主要采用 PP 层材料。

五、封装工艺要求

1. 密封性

确保电芯与外界隔绝。

2. 安全性

铝塑膜的每层保持良好的物理形态，保持相应的保护功能。

✿ 六、封装参数和效果确认封装参数

（1）封头温度（PP 和外层尼龙的熔点、封头结构以及散热）。

（2）封装时间（热量的传递以及 PP 融合）。

（3）气缸压力（PP 贴合，影响熔胶及传热）。

（4）真空度（主要是真空静置及去气工序）。

✿ 七、封装效果确认

（1）封装平行度检查（在停止器平行度良好的基础上，进行封装，撕开封装面观察箔材熔胶呈现乳白色，无缝状封装不良处）。

（2）拉力测试（包括极耳位置和侧封位置），未封区检查（目测，包括顶封、侧封、底封的内外未封区，检查内部 PP 情况）。

（3）电阻测试（顶侧封后检查包括正负极耳间、负极极耳与铝塑膜中的 Al 层，去气后检查负极与铝塑膜中的 Al 层）。

（4）分层检查（去气后封边）。

封装效果确认如图 13 - 1 所示。

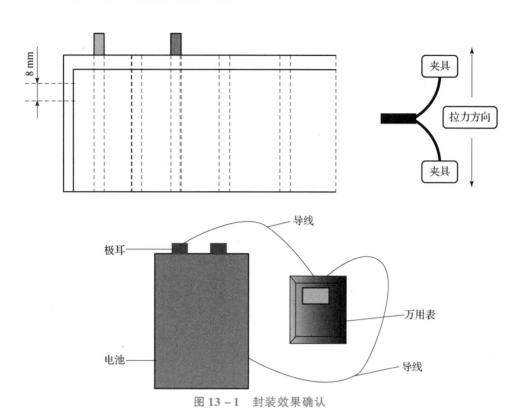

图 13 - 1　封装效果确认

项目四
电芯后段

学习任务十四　化成工艺

化成是指给一定的电流，使锂电池正负极活性物质被激发，最后使电池具有放电能力的电化学过程。化成工序的作用就是电池的初始化，使电芯的活性物质被激活，形成稳定的 SEI 膜，是一个能量转换过程。

化成工序对锂离子电池很重要，因为这个过程就是形成 SEI 膜的过程。SEI 膜是个钝化膜，能有效保护电池内部的氧化还原反应。

影响化成的因素有化成电流、SOC、老化时间及温度，还需要考虑电池材料体系和产能要求。

❈ 一、化成的作用

化成的主要目的是在活性物质表面形成稳定的 SEI 膜。SEI 膜是一种具有良好离子导电性和电子绝缘性的固体电解质膜。SEI 膜具有的电子绝缘性，可以阻止溶剂分子在电极表面的还原反应，防止溶剂化锂离子嵌入石墨层间，稳定石墨负极的碳层结构，从而使碳负极具有稳定循环的能力；同时 SEI 膜具有良好的离子导电性，Li^+ 能够自由进出 SEI 膜。SEI 膜的结构直接影响电池的循环寿命、稳定性、自放电和安全等性能。

在首次充电中，电解液会在正负极活性材料表面形成 SEI 膜（固相电解质界面膜），这层钝化膜由 Li_2O、LiF、$LiCl$、Li_2CO_3、$LiCO_2 - R$、醇盐和非导电聚合物组成，是多层结构，靠近电解液的一面是多孔的，靠近电极的一面是致密的。SEI 膜的形成对电极材料的性能有至关重要的影响。一方面，SEI 膜的形成消耗了部分锂离子，使得首次充放电不可逆容量增加，降低了电极材料的充放电效率；另一方面，SEI 膜具有有机溶剂不溶性，在有机电解质溶液中能稳定存在，并且溶剂分子不能通过该层钝化膜，从而能有效防止溶剂分子的共嵌入，避免了因溶剂分子共嵌入对电极材料造成的破坏，因而大大提高了电极的循环性能和使用寿命。正极表面和负极表面的 SEI 成膜机理不同，一般认为碳负极表面上的 SEI 膜是由溶剂分子、添加剂分子甚至是杂质分子在碳负板表面上的氧化产物组成的，正极表面上的 SEI 膜是由还原产物组成的。

⊛ 二、化成过程产气

在化成过程中，生成 SEI 膜反应以及副反应都会生成气体，包括 C_2H_4 等烃类气体和 CO_2，H_2 等无机气体。气体的种类和气体量与化成电压有关。当化成电压低于 2.5 V 时，产气量不大，产生气体主要为 H_2 和 CO_2，主要由杂质 H_2O 的还原反应生成；当化成电压在 3.0 ~ 3.5 V 时，产气量最大，这一时期也是 SEI 膜形成的主要时期；到 3.5 V 时，产气量达到总气体量的 90% 以上，气体主要由 C_2H_4，CO，CH_4，H_2 组成。

正是由于化成时产生大量气体，因此对于方形铝壳和钢壳锂离子电池，通常先要在开口情况下进行预化成，将产生的气体排出，然后封口后进行化成。对于钴酸锂与石墨体系，预化成的充电电压通常要达到 3.5 V，具体电压值与电池体系及电池设计有关，预化成时也可以采用充电量来控制，通常需要充电至电池容量的 20% 左右。

水分：水分是化成过程中最易引入的杂质，进入电解液中的水分产生的 HF 会破坏 SEI 膜使电池性能变差，同时会导致化成过程产气量增大。

产气不仅在首次充放电过程中产生，而且在随后的 2 次循环中还会继续产生，随着循环次数的增加，产气量逐渐减小。化成反应在首次充放电过程中进行得并不完全，在后续的充放电过程中化成反应还会持续进行，这是电池需要进行后续老化的主要原因之一。水分含量影响电池厚度，在电池封口以后，对于含水量较高的电解液，后续化成过程中产生的大量 H_2 和 CO_2 可能不容易溶解于电解液，会引起电池发生气胀，而对于含水量较低的电解液，第 2 次循环以后产生少量的 C_2H_4 气体可以溶解到电解液中，不会导致电池发生鼓胀，同时水分过多还会导致电池首次不可逆容量增大。

❀ 三、制作工步流程表

制作工步流程如表 14 - 1 所示。

表 14 - 1　制作工步流程

工步	流程
1	搁置 5 min
2	以 0.05 C 电流恒流充电 150 min，截止电压为 3.8 V
3	以 0.1 C 电流恒流充电 180 min，截止电压为 3.8 V

工步	流程
4	以 0.2 C 电流恒流充电 60 min，截止电压为 3.8 V
5	搁置 5 min

四、化成设备组成

化成设备由堆垛机、化成针床、化成电源柜（中控）、化成模块、货架系统、物流输送线、物流托盘、化成电源校准工装以及空调恒温系统、负压化成系统、消防系统（烟雾报警系统、水喷淋系统）、排烟系统等组成（见图 14 - 1）。

图 14 - 1　化成设备

五、化成设备工作原理

充电控制器接受操作人员输入的充电工步，并根据充电工步发出控制信号给中央控制板，中央控制板根据充电控制器发出的信号，并与柜上采集到的电流电压信号一起处理后，发出恒流恒压源的控制信号，恒流恒压源根据中央控制器发出的信号，输出相应的电流或电压。通道控制板提供电流通道，并进行开路、短路检测与控制。化成设备工作原理如图 14 - 2 所示。

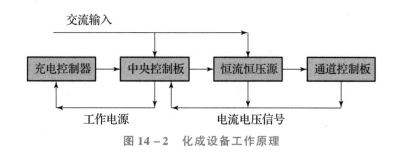

图 14 - 2　化成设备工作原理

✿ 六、控制要点

（1）根据工艺要求设置工步，小电流充放电，最终电压不高于 3.8 V。

（2）根据材料设计化成流程。

（3）温度对化成影响较大，所以要控制化成温度。

（4）化成通道和电芯要一一对应，做好标示，避免混淆。

（5）负压化成时，注意控制好抽负压的指数。

（6）注意电芯的正负和化成设备的正负极对应。

✿ 七、工序注意事项

（1）电芯在化成流程静置结束后，立即检查每个点的电流和电压，对于电压异常或 0 电压的电芯，立即排查是设备的原因，还是数据线没有和系统连接上；

或电芯本身原因，是电芯异常的需立即取出相对应的电芯。

（2）化成时出现电压和电流异常波动、跳跃，或电流正常，电压一直充不上的电芯，立即停止化成。

（3）随时保持工作台面和设备的清洁。

（4）设备保持干燥，控制车间的温湿度。

学习任务十五　老化工艺

一、老化的概念

老化一般就是指电池装配注液完成，第一次充放电化成后的放置，可以有常温老化也可以有高温老化，两者的作用都是使初次充电化成后形成的 SEI 膜的性质和组成更加稳定，保证电池电化学性能的稳定性。

二、老化的目的

（1）将电池置于高温或常温下一段时间，可以保证电解液能够对极片进行充分的浸润，有利于电池性能的稳定。

（2）电池经过预化成工序后，电池内部石墨负极会形成一定量的 SEI 膜，但是这个膜结构紧密且孔隙小，将电池在高温下进行老化，将有助于 SEI 结构重组，形成宽松多孔的膜。

（3）化成后电池的电压处于不稳定的阶段，正负极材料中的活性物质经过老化后，可以促使一些副作用的加快进行，例如产气、电解液分解等，使锂电池的电化学性能快速达到稳定。

（4）剔除自放电严重的不合格电池，便于筛选一致性高的电池。

其中，老化工艺筛选内部微短路电芯是一个主要的目的。电池贮存过程中开路电压会下降，但幅度不会很大，如果开路电压下降速度过快或幅度过大属异常现象。电池自放电按照反应类型的不同可以划分为物理自放电和化学自放电。

从自放电对电池造成的影响考虑，又可以将自放电分为 2 种：损失容量能够可逆得到补偿的自放电和永久性容量损失的自放电。一般而言，物理自放电所导致的能量损失是可恢复的，而化学自放电所引起的能量损失则是基本不可逆的。电池的自放电来自两个方面。

①化学体系本身引起的自放电。这部分主要是由于电池内部的副反应引起的，具体包括正负极材料表面膜层的变化、电极热力学不稳定性造成的电位变化、金属异物杂质的溶解与析出。

②正负极之间隔膜造成的电池内部的微短路导致电池的自放电。

三、老化流程

老化流程如表 15 - 1 所示。

表 15 - 1　老化流程

工步	流程
1	在 45 ~ 55 ℃区间的高温房搁置 72 h
2	室温下搁置 48 h

四、老化设备

高温老化箱如图 15 - 1 所示。

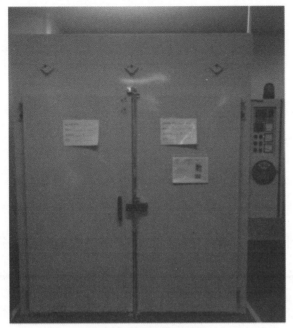

图 15 – 1　高温老化箱

✺ 五、工序注意事项

1. 老化期间巡查

（1）防止老化温度变化过大。

（2）防止电池老化时短路、自燃。

2. 老化后全检电池

挑选出自放电过大、发烫、鼓胀的电池。

学习任务十六　分容工艺

❋ 一、分容的概念

电池的分容是通过化成分容柜（由于化成和分容基本原理相同，化成和分容功能集成在同一个柜子内，称为化成分容柜）来完成的，化成分容柜的功能实际上类似充电器，只不过它可以同时为大量的电池充放电。电池分容时通过电脑管理得到每一个检测点的数据，从而分析出这些电池容量的大小和内阻等数据，进而确定电池的质量等级。分容，即通过对电池进行充电放电，通过检测分容满充时候的放电容量，来确定电池的容量。

❋ 二、专业术语

（1）容量是指放电的容量，一般会循环 3~5 次取中间某次放电容量为额定容量。

（2）首效 =（首次满放容量/首次满充容量）×100%。

不同的材料，首效不一样，电池在第一次充电时，SEI 膜的形成会消耗部分锂离子，也就是说，充电时从正极脱嵌的锂离子并没有 100% 在放电时回到正极，因而首充容量多于首放。比如目前主流的 NCM 三元材料首效在 85%~88%。基于此，工程师们为了最大发挥电池的储存能力，提出了预锂化，即在化成前，通过外部输入锂离子，不消耗材料的锂离子而形成 SEI 膜的过程。

（3）充电恒流比是指充电过程中，（恒流充入容量/（恒流＋恒压充入容量之和））×100％。

（4）放电平台时间是指电池在标称电压下放电持续时间。

✸ 三、分容的目的

分容的目的是根据锂离子电池的性能对其进行筛选。

（1）区分容量合格品与不合格品。当容量满足要求时即为合格品，当容量低于规格要求时即为不合格品。

（2）锂离子电池的分类组编手段之一。筛选出容量和内阻相同的单体，这样将性能相同的单体组成电池组。电池容量不一致会使电池组各单体电池放电深度不一致。容量较小、性能较差的电池将提前达到满充电状态，会造成容量大、性能好的电池不能达到满充电状态。

✸ 四、制作工步流程表

制作工步流程如表 16 - 1 所示。

表 16 - 1　制作工步流程

工步	流程
1	搁置 5 min
2	以 0.2 C 电流恒流放电至截止电压为 3.0 V，时限 200 min
3	搁置 10 min
4	以 0.2 C 电流恒流充电至截止电压为 4.2 V，时限 200 min

项目四　电芯后段

115

工步	流程
5	以 4.2 V 电压恒压充电至截止电流为 0.02 C，时限 90 min
6	搁置 10 min
7	以 0.2 C 电流恒流放电至截止电压为 3.0 V，时限 200 min
8	搁置 10 min
9	以 0.2 C 电流恒流充电至截止电压为 3.85 V，时限 90 min
10	以 4.2 V 电压恒压充电至截止电流为 0.02 C，时限 90 min
11	搁置 10 min

五、分容设备

分容柜如图 16 – 1 所示。

图 16 – 1　分容柜

✳ 六、控制要点

（1）电池型号、生产批次、标称容量、容量分选等级、内阻、电压等。

（2）分容环境要求。

①温度：20～30 ℃。

②相对湿度：＜60％。

（3）分容过程巡查。

①防止电池接触不良，造成分容不准确。

②防止电池内部或外部短路，造成起火燃烧等事故。

学习任务十七　PACK 工艺

电池 PACK 一般指的是组合电池，主要指锂离子电池组的加工组装，就是将电芯、电池保护板、电池连接片、标签纸等通过电池 PACK 工艺组合加工成客户要的产品。

锂离子电池 PACK 分为加工、组装、测试、包装 4 个部分。在锂电池 PACK 行业中，人们把没有组装，可以直接单个使用的电池叫做电芯，而把连接上 PCM 板，有充电放电功能的成品电池组叫做锂离子电池 PACK。

锂离子电池 PACK 工艺是指将电芯、保护板、电池线、电池镍片、电池辅料、电池盒、电池膜等通过焊接的方式组装成成品电池。电池组 PACK 要求电池具有高度的一致性（容量、内阻、电压、放电曲线、寿命）。

 一、PACK 工序流程

1. 分选配组

电池分选是指选取合适的变量，如电池欧姆内阻、极化内阻、开路电压、额定容量、充放电效率、自放电率等，通过分选将电池分类，将电池参数一致性较好的电池分为同一类。

电池分选主要为了提高电池成组后内部特性一致性，实现提高模组的使用效率和延长其使用寿命的目的。

锂电池的配组方法，包括以下步骤。

（1）测试电芯容量：将要分选的电芯安装到检测设备上，按要求的电流进行

充放电循环 3 次，将第四次单电芯的电压充电至额定容量设定的百分比范围。

（2）获取配组参考基准：记录第 3 次电芯的放电容量、恒流充电时间和恒压充电时间等参数。

（3）电芯容量分选：以第 3 次循环的电芯的放电容量为标准，设定下限容量，取大于下限容量的电芯为合格电芯。

（4）电芯初步配组：以所得恒流充电时间和恒压充电时间二者的参数为基准，将容量合格且具有相同或相近的恒流和恒压充电时间参数的电芯进行配组。

（5）电芯电压降：在设定的环境中将配组好的电芯贮存一段时间测量其电压降，确定电压降符合标准后，分选出合格的电芯。

（6）电芯最终配组：挑选出电压降合格的电芯，将它们进行最终配组。

2. 锂电池组电芯装配夹具，上自动点焊机

电芯装夹具时，需要按照 PE 工程师 SOP 中的电芯正负极顺序进行装配，顺序颠倒会造成电芯短路。设置好自动电焊机程序后，将夹具电芯放入，开始自动点焊。

完成自动点焊后，需要对自动点焊的电池组进行点检，漏点炸点处，需要补焊。

3. 锂电池组焊接保护电路模块/电池管理系统

保护电路模块（Protection Circuit Module，PCM）或印制电路板（Printed Circuit Board，PCB）是锂电池组的"心脏"。它将保护锂电池免受过充电、过放电和短路等危害，避免锂电池组爆炸、损坏和发生火灾。

对于低压锂电池组（<20 个电池），应选择具有平衡功能的 PCM，以保持每个电池的平衡和良好的使用寿命。对于高压锂电池组（>20 个电池），应考虑使用先进的电池管理系统（Battery Management System，BMS）来监控每个电池的性

能，以确保电池更安全的运行。

4. 半成品绝缘

对电压采集线、导线、正负极输出线，进行必要的固定与绝缘，辅料常规为高温胶布、青稞纸、环氧板、扎带等；需要有安全意识，不可对电池组电压采集线或输出导线进行叠加压迫，否则容易导致挤压破损，造成短路。

5. 半成品测试

电池组加上 BMS 后，可以进行一次半成品测试，常规测试包括：简单充放电测试、整组内阻测试、整组容量测试、整组过充测试、整组过放测试、短路测试、过流测试。如有特殊要求需进行高温低温测试、针刺测试、跌落测试、盐雾测试等，特殊锂电池组测试有破坏性，建议抽检。

需要注意电池组的承受能力，如整组过充测试时，BMS 是否可以耐高压，短路测试时 BMS 是否可以承受瞬间高压高电流，过流测试时 BMS 是否可以承受脉冲电流等。

6. PACK 包装

包装前，必须做好信号采集线、电池组正负极的绝缘。

PVC 包装的电池组，过热缩机；超声封口的电池组，上超声机器；带金属外箱的电池组，进行外箱组装。在这些过程中，需要注意电池组要轻拿轻放，避免碰撞、挤压等，导线更要做好绝缘，避免短路。

7. 整组测试

整组测试仪设置好参数后，电池组上整组测试仪进行测试。

主要测试项：出货电压、内阻、简易充放电。

备选测试项：过流、短路。

二、PACK 工序的特点

（1）电池组 PACK 要求电池具有高度的一致性（容量、内阻、电压、放电曲线、寿命）。

（2）电池组 PACK 的循环寿命低于单只电池的循环寿命。

（3）在限定的条件下使用（包括充电、放电电流，充电方式，温度等）。

（4）锂离子电池组 PACK 成型后电池电压及容量有很大提高，必须加以保护，对其进行充电均衡、温度、电压及过流监测。

（5）电池组 PACK 必须达到设计要的电压、容量要求。

三、PACK 方法

1. 串并组成

电池由单体电池通过并串联而成。并联新增容量，电压不变，串联后电压倍增，容量不变。

先并后串：由于内阻的差异、散热不均等都会影响并联后电池循环寿命，但单个电池失效自动退出，除了容量降低，并不影响并联后使用，因此并联工艺较严格。

先串后并：根据整组电池容量先进行串联，如当串联占整组容量1/3时再进行并联，以降低大容量电池组的故障概率。

2. 电芯要求

根据自己的设计要求选取对应电芯，并联及串联的电池要求种类一致、型号一致，容量、内阻、电压值差异不大于2%。一般情况下，电池通过并联串联组合后，容量损失为2%~5%，电池数量越多，容量损失越多。

不管是软包装电池还是圆柱电池，都要多串组合，假如一致性差，会影响电池容量，因为一组中容量最低的电池决定整组电池的容量，同时具备要求大电流放电性能。

3. PACK工艺

电池的PACK通过两种方式实现：一是通过激光焊接、超声波焊接或脉冲焊接，这是常用的焊接方法，优点是可靠性较好，但不易更换；二是通过弹性金属片接触，优点是不需要焊接，电池更换容易，缺点是可能导致接触不良。

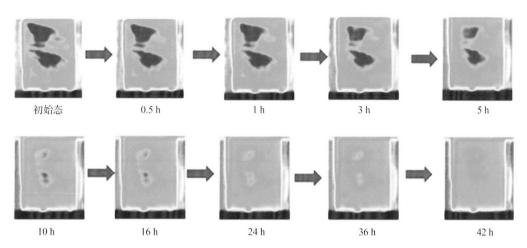

图 12 - 1　常压注液电解液浸润超声波扫描

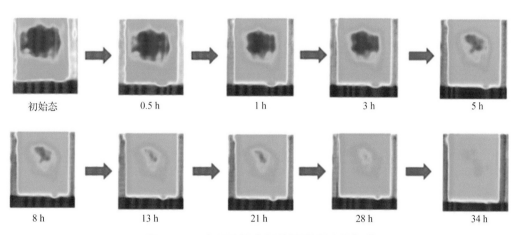

图 12 - 2　负压注液电解液浸润超声波扫描